物 理（五年制）

邱勇进　主编

韩文翀　王　卫　王大伟　刘志国　副主编

化学工业出版社

·北京·

图书在版编目（CIP）数据

物理：五年制．下册/邱勇进主编．—北京：化
学工业出版社，2017.9（2022.2 重印）
ISBN 978-7-122-30609-8

Ⅰ.①物… Ⅱ.①邱… Ⅲ.①物理学-高等职业教育
-教材 Ⅳ.①04

中国版本图书馆 CIP 数据核字（2017）第 221240 号

责任编辑：高墨荣 装帧设计：刘丽华
责任校对：宋 夏

出版发行：化学工业出版社（北京市东城区青年湖南街 13 号 邮政编码 100011）
印 装：北京建宏印刷有限公司
787mm×1092mm 1/16 印张 8½ 字数 184 千字 2022 年 2 月北京第 1 版第 4 次印刷

购书咨询：010-64518888 售后服务：010-64518899
网 址：http://www.cip.com.cn
凡购买本书，如有缺损质量问题，本社销售中心负责调换。

定 价：28.00 元

前言

本书是根据教育部颁布的《高职高专教育物理课程教学基本要求》，在"以应用为目的，以必需够用为度"的原则指导下，在高职高专物理教学内容和课程体系改革的实践基础上，总结了教学实践中的改革成果和经验，为适应高职实施的"模块化教学"的需要而编写的。

本套教材分为上、下两册。上册主要包括力学和热学知识，内容包括：物体相互作用、匀变速直线运动、牛顿运动定律、功和能、曲线运动。下册以电磁学知识为主，内容包括：静电场、恒定电流、磁场、电磁感应、交流电、安全用电。书中有观察实验、物理万花筒、问题与练习，章后有小结、课后达标检测。教材还配有用于多媒体教学的 PPT 课件。全套教材主线突出，阐述清楚，难度适中。

本书在教学内容上尽力做到深入浅出，通俗易懂，突出运用。选配的习题简单，针对性强，数量安排合理，便于学生自学。课后适当地安排了"物理万花筒"等阅读材料，反映一些物理知识在高新技术、生产及日常生活中的应用，拓展学生的知识面，提高学生对学习物理课程的兴趣，培养学生的创新精神和创新能力。

教材编写力求体现以下三个特点。

（1）知识新。反映当前的新知识、新技术、新工艺、新方法，以及生产、建设、管理、服务第一线对职业教育提出的要求。

（2）定位准。适用于当前经济和社会发展的五年一贯制高职的基础课教材。

（3）方式活。既考虑到大多数学校的教学，又适当兼顾了部分有特殊要求的专业要求。

学时分配建议如下：

序号	教学内容	学时数
1	第 6 章　静电场	12
2	第 7 章　恒定电流	16
3	第 8 章　磁场	14
4	第 9 章　电磁感应	16
5	第 10 章　交流电	12
6	第 11 章　安全用电	6
	合　　计	76

本书由邱勇进主编，参加本书编写的还有韩文翀、王大伟、宋兆霞、刘志国、冷泰启、蔚海涛、王卫、宋瑞娟。编者对关心本书出版、热心提出建议和提供资料的单位和个人在此一并表示衷心的感谢。

本套教材适用于五年制高职生使用，也可作为多学时的中等职业学校、职业高级中学的物理教材。

本书配套了电子课件，读者如果需要请发电子邮件至 qiuyj669@163.com 联系索取相应资料。

由于水平所限，不妥之处在所难免，敬请广大读者批评指正。

编者

目录

第 **6** 章

静电场

在现代文明社会中，工农业生产、交通、通信、国防、科研和人们的日常生活都离不开电。实际上，人类对电的认识是从静电开始。公元前 6 世纪，人类就发现了摩擦过的琥珀能吸引轻小物体的静电现象。

我们生活在一个静电的世界里。从震撼天地的电闪雷鸣到灰尘的飘落，雨滴的形成以及脱下化纤内衣时的火花，这些现象无一不体现着静电的存在。

本章将学习有关静电的基本知识，讨论电场、电场力、电场强度、电势、电势差、电容等基本概念及性质应用。

▶ 6.1 电荷和电荷守恒定律

（1）电荷

人们发现，用丝绸摩擦玻璃棒或用毛皮摩擦橡胶棒，玻璃棒或橡胶棒都能吸引轻小物体。这时，我们说它们带了电或有了电荷。使物体带电的过程叫**起电**。

除用摩擦的方法使物体带电外，还有其他方法，如感应起电、电离起电、接触起电等。这些方法将在后面的学习中介绍给大家。大量实验证明，自然界只存在两种电荷：正电荷和负电荷。用丝绸摩擦过的玻璃棒带的是正电荷，用毛皮摩擦过的橡胶棒带的是负电荷，如图 6-1 所示。电荷之间有相互作用，**同种电荷互相排斥，异种电荷互相吸引**。

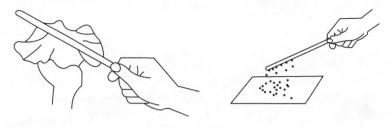

图 6-1　摩擦带电

(2) 元电荷

物体所带电荷的多少叫**电荷量**或**电量**，常用符号 Q（或 q）表示。在国际单位制中，电量的单位是库仑，简称库，符号为 C。

迄今为止，我们能观察到的最小的电荷量是一个质子或一个电子的电荷量。这个最小的电荷量的绝对值称为元电荷。

实验证明，所有带电体的电荷量等于元电荷的整数倍。

电荷 e 的数值最早是由美国科学家密立根用实验测得的。现在测得的元电荷的精确值为

$$e = (1.60217733 \pm 0.00000049) \times 10^{-19} \text{C}$$

通常近似取作 $\qquad e = 1.6 \times 10^{-19} \text{C}$

(3) 电荷守恒定律

在物质的原子内部，中心是带正电的原子核，外面是绕核旋转的带负电的电子。通常物体内部的正电荷量与负电荷量大小是相等的，整个物体对外不显电性。在摩擦起电过程中，一个物体失去一些电子而带正电，另一个物体获得一些电子而带负电。也就是说，摩擦起电只是物体中的正负电荷分开，使电子从一个物体转移到另一个物体上。

大量事实证明：**电荷既不能被创造，也不能被消灭，只能从一个物体转移到另一个物体，或者从物体的一部分转移到另一部分，在转换的过程中，电荷的总和不变。**这个结论叫做**电荷守恒定律**。这是自然界的重要规律之一。

6.2　库仑定律

我们知道，相隔一定距离的带电体之间有相互作用力，同种电荷相排斥，异种电荷相吸引。那么，电荷之间的作用力与哪些具体因素有关呢？

实验表明，电荷之间的作用力随电荷量的增大而增大，随距离的增大而减小。法国物理学家库仑（1736—1806）用精确地实验研究了点电荷间的相互作用

力。所谓点电荷，指的是带电体间的距离比它们自身的大小大得多，以致带电体的形状和大小对相互作用力的影响可忽略不计，这样就可以用一个"点"来代替该带电体。带电体的电荷量都可以认为集中于该"点"上，这样的带电体就可以看作**点电荷**。

观察实验

如图 6-2 所示，在丝线下端吊一个轻质小球，将其拴在绝缘架上，用摩擦过的玻璃棒或橡胶棒给两个小球带上同种电荷，则悬挂丝线相对竖直方向有一偏角。减小两球间距，则偏角变大；增大两球间距，则偏角变小，如图 6-3 所示。保持两球间距离不变，改变小球上的电荷量，则小球与竖直方向的偏角随电荷量的减小而减小，如图 6-4 所示。

图 6-2　实验装置

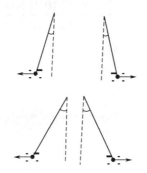
图 6-3　改变两球间距

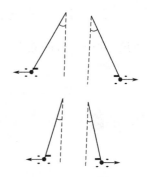
图 6-4　改变小球的电荷量

库仑通过实验，于 1785 年发现了下述规律：

在真空中，两个点电荷之间的相互作用力，跟它们的电荷量的乘积成正比，跟它们距离的二次方成反比，作用力的方向沿着它们的连线。

这个规律叫做**真空中的库仑定律**，电荷间的这种作用力叫**静电力**，又称库仑力。库仑定律可以用公式表示为

$$F = k \frac{Q_1 Q_2}{r^2}$$

式中 k 为常量，叫做**静电力常数**。若 F、Q、r 均取国际制单位，则可测得 $k = 9 \times 10^9 \, \text{N} \cdot \text{m}^2/\text{C}^2$。

库仑定律是电磁学的基本定律之一。由于任何带电体都可看成是由许多点电荷组成的，所以原则上可以根据库仑定律和力的合成法则求出带电体间的静电力。

[**例 6-1**]　如图 6-5 所示，真空中两点电荷相距 4cm，带电量分别为 $Q_A = 2 \times 10^{-10} \text{C}$，

图 6-5　例 6-1 图

$Q_B = -8 \times 10^{-10} \text{C}$ 试求：

（1）两点电荷间的作用力；

（2）在两点电荷连线中点放一电量为 $4 \times 10^{-10} \text{C}$ 的点电荷 Q_C，求 Q_C 所受的作用力。

分析：已知各点电荷电量及电荷间的距离，可由库仑定律求相互作用力。利用库仑定律时，各电量均可取绝对值，由公式求出力 F 的大小。F 的方向可根据"同种电荷相排斥，异种电荷相吸引"的原则来确定。

解：（1）由库仑定律可知

$$F=k\frac{Q_1Q_2}{r^2}$$

因为 $Q_A=2\times10^{-10}$C，$Q_B=-8\times10^{-10}$C，$r=4$cm$=4\times10^{-2}$m

所以 $F=9\times10^9\times\dfrac{2\times10^{-10}\times8\times10^{-10}}{(4\times10^{-2})^2}=9\times10^{-7}$（N）

F 的方向：沿两点电荷连线相互吸引。

（2）Q_C 分别受到 Q_A 和 Q_B 的作用力 F_A 和 F_B，此二力方向相同，故

$$F_C=F_A+F_B=9\times10^9\times\frac{(2+8)\times10^{-10}\times4\times10^{-10}}{(2\times10^{-2})^2}=9\times10^{-6}(\text{N})$$

F_C 方向：沿两点电荷连线指向 Q_B。

问题与练习

1.真空中有两个点电荷，所带电量分别为 4×10^{-9}C 和 -2×10^{-9}C，相距 1×10^{-9}m，问它们之间的作用力大小是多少？是引力还是斥力？

2.真空中有两个点电荷，保持它们的距离不变，试回答它们之间的作用力在下列情况下将如何变化：

（1）一个电荷的电量变为原来的 2 倍；

（2）两个电荷所带的电量都变为原来的 1/2；

（3）其中一个电荷的正负发生变化；

（4）两个电荷的正负都发生变化。

3.试比较电子和质子的静电力和万有引力。已知电子 $m_1=9.1\times10^{-31}$kg，质子质量 $m_2=1.67\times10^{-27}$kg，电子和质子的电荷量分别为 -1.6×10^{-19}C 和 1.6×10^{-19}C。请根据结果说明为什么在计算静电力时，可忽略万有引力的影响？

6.3 电场和电场强度

（1）电场

两个点电荷并不直接接触，但它们之间却存在着作用力。这种作用力靠什么来传

递呢？经过长期的科学研究，人们认识到电荷的周围存在着一种看不见、摸不着的特殊物质——**电场**。电荷间的相互作用是通过各自的电场传递给对方的。只要电荷存在，它的周围就一定存在电场。电场的基本性质是对放入其中的电荷产生力的作用，这种力叫做**电场力**。静电力实质上就是电场力。

引入场的概念，是对物理学的重要贡献。除了电场，我们初中还学过磁场。实际上，地球的附近也存在一种场——重力场。重力场中的物体要受到重力场对它的作用力——重力。

本章我们将讨论相对观察者静止的电荷所产生电场——**静电场**。以后如没有特别说明，我们所说的电场都是静电场。

（2）电场强度

电场是看不见、摸不着的特殊物质，我们可以通过它表现出来的性质研究认识它。如图 6-6 所示，真空中存在一点电荷 Q，它在周围产生一静电场，我们把产生电场的这个电荷称为场源电荷。将一电荷量很小的点电荷 q 放入电场中，这个点电荷称为试探电荷（或检验电荷）。

实验表明，同一试探电荷在电场中不同点处受到的电场力大小一般不相同，这说明不同点处电场的强度不一样。不过，我们不能直接用电场力表示电场的强弱，因为不同的试探电荷在同一点处受到的电场力是不一样的，而对于确定的电场，同一点的强弱应该是确定的。为此我们必须用一个不受试探电荷影响的量表示电场的强弱。实验发现，尽管不同的试探电荷在电场中同一点受到的电场力不同，但是电场力的大小与试探电荷电量的比值 F/q 却是相同的，该比值不受试探电荷变化的影响。并且，对于电场中的不同点处，比值 F/q 一般是不同的。因此，比值 F/q 反映了电场本身的性质，我们可以用它来表示电场的强弱。

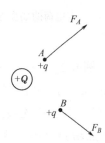

图 6-6 点电荷在静电场中的受力

放入电场中某点的电荷所受的电场力 F 跟它的电量 q 的比值，叫做该点的电场强度，简称**场强**，用符号 E 表示。

$$E = \frac{F}{q}$$

场强的国际单位是牛/库，符号是 N/C。

场强是矢量，它具有方向性。同一试探电荷在电场中不同点处，它所受的电场力方向一般不相同，这说明不同点的场强方向也不相同。我们规定电场中某点场强的方向与正电荷在该点所受电场力的方向相同。根据这一规定，负电荷在该点所受电场力的方向与该点场强方向相反。

若已知电场中某点的场强，就可求出点电荷在该点收到的电场力

$$F = qE$$

（3）点电荷电场的场强

在点电荷 Q 产生的电场中，距 Q 为 r 处放一试探电荷 q，则该点的场强大小可由库仑定律 $F=k\dfrac{Q_1Q_2}{r^2}$ 和 $E=\dfrac{F}{q}$ 求得

$$E=k\dfrac{Q}{r^2}$$

由此式不难看出，电场中任一点的场强，仅由场源电荷 Q 和场点位置 r 决定，与试探电荷无关。

E 的方向为：正点电荷 $+Q$ 的电场中，P 点场强方向沿 PQ 连线背离 Q；负点电荷 $-Q$ 的电场中，P 点场强方向沿 PQ 连线指向 Q。如图 6-7 所示。

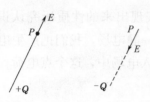

图 6-7　点电荷的场强方向

应该指出 $E=\dfrac{F}{q}$ 和 $F=k\dfrac{Q_1Q_2}{r^2}$ 虽然都是场强公式，但它们意义不同。前者是场强的定义式，对任何电场都适用；后者仅适用于点电荷产生的电场。

若有几个点电荷同时存在，它们的电场就会相互叠加，形成合电场。这时，某点的场强等于各个点电荷单独存在时在该点产生的场强的矢量和。

[例 6-2]　如图 6-8 在真空中有两个点电荷 q_1 和 q_2，分别位于 A 和 B，相距 20cm，q_1 为 4×10^{-8}C，q_2 为 -8×10^{-8}C。则

（1）在 AB 连线上 A 点的外侧离 A 点 20cm 处的 D 点场强大小、方向如何？

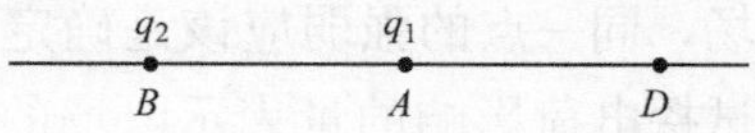

```
 q₂        q₁
─●─────────●─────────●─
 B         A         D
```

图 6-8　例 6-2 图

（2）能否在 D 点处引入一个带负电的点电荷 $-q$，通过求出 $-q$ 在 D 处受合电场力，然后根据 $E=\dfrac{F}{q}$ 求出 D 处的场强大小和方向？

分析：（1）q_1 在 D 点产生的场强

$E_1=k\dfrac{q_1}{r_{AD}{}^2}=9\times10^9\times\dfrac{4\times10^{-8}}{0.2^2}=9\times10^3$（N/C），方向向右。

q_2 在 D 点产生的场强

$E_2=k\dfrac{q_2}{r_{BD}{}^2}=9\times10^9\times\dfrac{8\times10^{-8}}{0.4^2}=4.5\times10^3$（N/C），方向向左。

D 点的合场强

$E=E_1-E_2=4.5\times10^3$（N/C），方向向右。

（2）可以。因为电场中某点的场强由电场本身决定，与放入电荷无关，不论放入电荷的电量是多少，也不论放入电荷的正、负，该点的场强大小、方向是确定的。

说明：电场强度是矢量，因此在计算过程中要明确其方向。电场的叠加也要遵守矢量合成法则。因本题中 q_1、q_2 在 D 点产生的场强方向在一条直线上，故矢量合成简化为代数加减。

(4) 电场线

由电场强度公式我们可以用数学的方法求出电场中各点场强的大小和方向，但这并不能给我们以形象直观的认识。为了能够形象地描述电场的空间分布，人们在电场中画出一系列的曲线——**电场线**来描述电场。电场线应按如下规则画出：曲线上每点的切线方向与该点的场强方向一致；曲线的疏密程度能反映该区域电场的强弱。图 6-9 表示一条电场线。图 6-10 为正、负点电荷电场线的平面图。

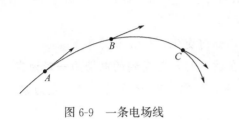

图 6-9 一条电场线

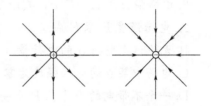

图 6-10 正、负点电荷的电场线

图 6-11（a）、（b）分别为等量异种电荷、等量同种电荷的电场线的平面图。

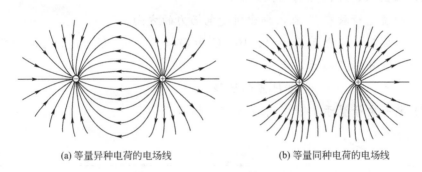

(a) 等量异种电荷的电场线　　　　(b) 等量同种电荷的电场线

图 6-11 两个等量电荷的电场线

从图 6-11 中可以看出，电场线有以下性质：
① 电场线起于正电荷（或无限远处），止于负电荷（或无限远）；
② 电场线不闭合，不相交；
③ 电场强的地方电场线密集，电场弱的地方电场线稀疏。

(5) 匀强电场

在电场中的某一区域，如果场强的大小和方向都相同，这个区域的电场叫**匀强电场**。匀强电场是最简单而又最重要的电场，具有广泛的应用性。两块靠近的平行金属板，大小相等，互相正对，分别带有等量的异种电荷，其中间区域的电场就是匀强电场。匀强电场的电场线是等间距的平行直线，如图 6-12 所示。

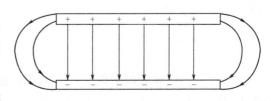

图 6-12 匀强电场

问题与练习

1.地球上带有大量电荷，通常在地球附近形成一个竖直方向的电场。为判别地球所带电荷的性质及电场的方向，我们将一带负电的微粒置于此电场中，发现它受向上的力。问：地球带何种电荷？电场的方向如何？

2.由场强公式 $E=F/q$，判断下列说法对错：

A.电场强度 E 跟 F 成正比，与 q 成反比。

B.无论试探电荷 q 的电荷量（不为零）如何变化，F/q 始终不变。

C.电场中某点的电场强度为零，则处在该处的电荷受到的电场力一定为零。

D.一个不带电的小球在 P 点受到的电场力为零，则 P 点的场强一定为零。

3.某电场的电场线分布如图6-13所示。

（1）试比较 A、B 两点场强的大小；

（2）画出 A、B 两点的场强方向；

（3）把负电荷放在 A 点，画出所受电场力的方向。

4.两个固定的点电荷 $Q_1=4\times10^{-8}$C 和 $Q_2=8\times10^{-8}$C。它们之间的距离为 $r=50$cm，如图6-14所示，求：

（1）距 Q_1 为20cm处的 P 点的场强；

（2）将一电子置于 P 点，求其所受电场力。

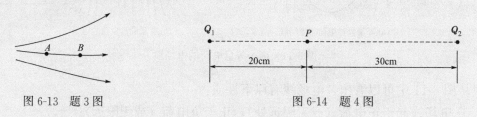

图6-13　题3图　　　　　　　　　图6-14　题4图

6.4　电势和电势差

前面从电荷受电场力的角度研究了电场的性质，下面从电场力做功和能量的角度来研究电场的性质。

（1）电势能

我们知道，地球表面附近存在重力场，物体在重力场中具有重力势能。物体具有的重力势能是物体与地球所共有的，重力势能只有确定了零势能点才有意义。与此类似，电荷在电场中也具有势能——**电势能**。电势能也是电荷与电场所共有的，只有选定了零电势能点才有确定的值。

在重力场中，物体移动时，若重力做正功，则重力势能减少；若重力做负功，则重力势能增加。重力做功的过程就是重力势能和其他形式的能相互转化的过程。类似地，电场力做功也伴随着电势能的变化，电场力做正功，电势能减少；电场力做负功，电势能增加。电场力做了多少功，就有多少电势能和其他形式的能发生相互转化。我们用公式将电场力做功与电势能的变化关系表示为

$$W_{AB} = E_{PA} - E_{PB}$$

式中，W_{AB} 表示电荷由 A 点移到 B 点时电场力做得功，E_{PA}、E_{PB} 分别表示电荷在 A、B 两点时具有的电势能。

（2）电势

事实表明，试探电荷在电场中某一点所具有的电势能 E_P 跟电荷量 q 成正比，当电荷量增大时，电势能也成比例地增大，但二者的比值 E_P/q 始终是一个恒量，与试探电荷的电量无关。并且，对于电场中的不同点，比值 E_P/q 一般是不相同的。因此，该比值反映了电场本身的一种性质，我们把它定义为电势。用符号 V 表示，则

$$V = \frac{E_P}{q}$$

电势的国际单位是伏特，简称伏，用符号 V 表示。由上式可以看出，$1V = 1J/C$。即电量为 1C 的电荷在某点具有的电势能为 1J 时，该点的电势为 1V。

电势是标量，只有大小，没有方向，其大小只有在确定了零电势点后才能确定。同一电场中，零电势点和零电势能点取同一点。通常取无限远处为零电势点。实际中常取大地或仪器中公共地线为零电势点，这叫做**接地**。

若已知电势，可求出点电荷在某点的电势能

$$E_P = qV$$

（3）电势差

电场中任意两点间电势的差值叫做**电势差**，用符号 U 表示。电势差也叫**电压**。若电场中 A、B 两点的电势分别为 V_A、V_B，则 A、B 两点间的电势差为

$$U_{AB} = V_A - V_B$$

显然　　　　　　　　　　$U_{BA} = V_B - V_A = -U_{AB}$

又因为 $V_A = \dfrac{E_{PA}}{q}$、$V_B = \dfrac{E_{PB}}{q}$

故 $U_{AB} = V_A - V_B = \dfrac{E_{PA} - E_{PB}}{q} = \dfrac{W_{AB}}{q}$

所以　　$W_{AB} = qU_{AB} = q\,(V_A - V_B)$

上式表明，**电荷在电场中两点间移动时，电场力做的功等于电荷量与两点间电势差的乘积**。可以看出，A、B 两点间的电势差在数值等于单位正电荷从 A 点移动到 B

点电场力做的功。

注意：本节所提到的 E_P、V、U、W、q 等都是标量，运用到公式中应考虑各量的正负，不可再用绝对值。

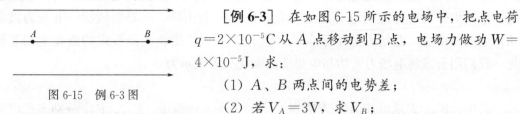

图 6-15　例 6-3 图

[例 6-3]　在如图 6-15 所示的电场中，把点电荷 $q=2\times10^{-5}$C 从 A 点移动到 B 点，电场力做功 $W=4\times10^{-5}$J，求：

(1) A、B 两点间的电势差；

(2) 若 $V_A=3$V，求 V_B；

(3) 该点电荷在 A、B 两点具有的电势能为多少？

(4) 若将一质子从 B 点移到 A 点，电场力做多少功？

分析：本题涉及电势、电势差、电势能、功等多个标量，应注意各量正负的确定。通常规定，正电荷 $q>0$，负电荷 $q<0$；电场力做正功 $W>0$，电场力做负功 $W<0$；电势、电势能高于零点取正，低于零点取负。

解：(1) 由 $W_{AB}=qU_{AB}$

可得 $U_{AB}=\dfrac{W_{AB}}{q}=\dfrac{4\times10^{-5}}{2\times10^{-5}}=2$(V)

(2) 由 $U_{AB}=V_A-V_B$

可得 $V_B=V_A-U_{AB}=3-2=1$(V)

(3) 由 $V_A=\dfrac{E_{PA}}{q}$

可得 $E_{PA}=qV_A=2\times10^{-5}\times3=6\times10^{-5}$(J)

$$E_{PB}=qV_B=2\times10^{-5}\times1=2\times10^{-5}(J)$$

(4) 质子从 B 点移到 A 点，电场力做的功为

$$W_{BA}=qU_{BA}=1.6\times10^{-19}\times(1-3)=-3.2\times10^{-19}(J)$$

负号表示质子从 B 到 A 的过程中，电场力做负功。

(4) 等势面

电场中可用电场线来直观地描述场强的分布，同样，电势的分布也可用等势面图来描绘。电场中每一点都对应各自的电势值，把电势值相同的点连起来所构成的面叫等势面。点电荷的电场中，等势面是一组以点电荷为球心的同心球面（见图 6-16），匀强电场的等势面是一组垂直于电场线的平面（见图 6-17），图 6-18、图 6-19 分别为等量异种电荷、同种电荷的等势面。

在同一等势面上，任意两点间的电势差 $U=0$，故在同一等势面上移动电荷时电场力所得功 $W=qU=0$，这说明电场力处处与等势面垂直，又因为电场力的方向沿电场线的切线方向，所以，**电场线与等势面处处垂直**。

在实际测量中，测电势比测场强容易，所以常常是先测出电场中电势差为零的点，连接这些点画出电场中的等势面，然后根据等势面与电场线的关系画出电场线，

从而对电场有较全面的直观了解。

图 6-16　点电荷等势面

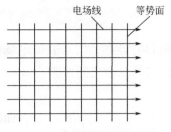

图 6-17　匀强电场等势面

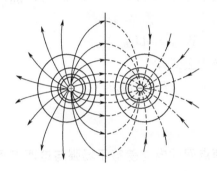

图 6-18　等量异种电荷等势面

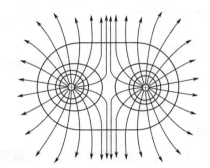

图 6-19　等量同种电荷等势面

问题与练习

1. 在雷雨季节，两带正、负电荷的云团间的电势差可达 $1010V$，它们之间产生闪电可通过约 $30C$ 的电荷量，请说明在此过程中闪电所释放的电量相当于 $10kW$ 的发电机在多少时间里发出的电能。

2. 在如图 6-20 所示的匀强电场中，如果 A 板接地，M、N 哪点的电势高？电势是正值还是负值？若 B 板接地呢？取大地电势为零，与大地相连的导线的电势也为零。

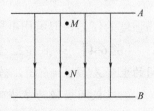

图 6-20　题2图

3. 电场中 A、B 两点的电势分别为 $800V$ 和 $1000V$，一个带电量为 $-1.5\times10^{-8}C$ 的点电荷从 A 点移到 B 点，电场力做多少功？电势能变化了多少？（说明增加还是减少）

4. 有一个带电量 $q=-3\times10^{-6}C$ 的点电荷，从某电场的 A 点移到 B 点，电荷克服电场力做 $6\times10^{-4}J$ 的功，再从 B 点移到 C 点，电场力对电荷做 $9\times10^{-4}J$ 的功，求 A、C 两点的电势差是多少？并说明 A、C 两点哪点的电势高。

▶ 6.5 匀强电场中电势差和场强的关系

场强和电势都是用来表征电场性质的物理量。它们从不同的角度描述了电场的性质，那么它们二者之间必然存在一定的关系。我们以匀强电场为例来讨论它们之间的联系。

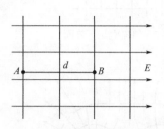

图 6-21 匀强电场中电势差和场强的关系

如图 6-21 所示，在匀强电场中有 A、B 两点，相距为 d，已知它们的电势差为 U。现将一个正电荷 q 置于 A 点，在电场力的作用下移至 B 点。则从 A 点到 B 点，电场力对点电荷做的功为

$$W_{AB} = qU_{AB}$$

又由功的定义和电场力公式知

$$W_{AB} = Fd = qEd$$

所以　　　$qEd = qU_{AB}$

即　　　$U_{AB} = Ed$

上式表明：**在匀强电场中，沿场强方向的两点间的电势差等于场强与这两点间距离的乘积。**

上式还可以写成

$$E = \frac{U}{d}$$

此式表明：**场强在数值上等于沿场强方向每单位长度上的电势差。** 由此式可知，场强的另一个单位是伏/米（V/m），它与牛/库（N/C）是等价的。

在图 6-21 中，正电荷 q 从 A 点沿着电场线移到 B 点，电场力做正功，电势能逐渐减小，相应地电势逐渐降低，所以，沿电场线方向，电势逐渐降低，场强的方向指向电势降低的方向。

公式 $E = \frac{U}{d}$ 给出了一种测量匀强电场的方法。实际应用中一般不具备直接测量电场强度的仪器，但可用电压表测出两点间的电势差 U 来求出场强的大小。

[**例 6-4**]　如图 6-22 金属板 A、B 相距 3cm，两板间的电势差 $U_{AB} = 60$V，若 B 板接地，问：

(1) 板间场强为多少？方向如何？

(2) 中点 C 的电势为多少？

(3) 将一电子从 A 板移到 B 板，电场力做多少功？

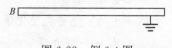

图 6-22　例 6-4 图

分析： B 板接地，故电势 $V_B = 0$，可利用 $E = \frac{U}{d}$ 求出板间场强，再利用电势差公式和电场力做功与电势差的关系式求出电场力的功。

解： (1) 已知 $d_{AB} = 3\text{cm} = 3 \times 10^{-2}\text{m}$；$U_{AB} = 60$V；

由 $E=\dfrac{U}{d}$

得 $E=\dfrac{60}{3\times10^{-2}}=2\times10^{3}$（V/m）

板间场强方向由 A 到 B 板。

（2）由 $U_{CB}=V_{C}-V_{B}=Ed_{CB}$

得　$V_{C}=U_{CB}=Ed_{CB}=2\times10^{3}\times\dfrac{1}{2}\times3\times10^{-2}=30$（V）

（3）由 $W_{AB}=qU_{AB}$

得　$W_{AB}=-1.6\times10^{-19}\times60=-9.6\times10^{-18}$（J）

负号表示电场力做负功。

问题与练习

1. 某电场的等势面如图 6-23 所示，试画出电场线的大致分布。

2. 某电场部分电场线如图 6-24 所示，则 A、B、C 三点哪点电势高？哪点场强大？一电子分别放与 A、B、C 三点，电子在哪点具有的电势能大？

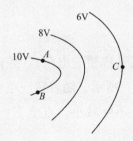

图 6-23　题 1 图

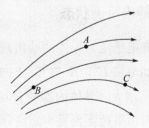

图 6-24　题 2 图

3. 两块带电平行板相距 0.05m，两板间电势差为 10^{3}V，求：

（1）两板间匀强电场的场强。

（2）电子在电场中所受电场力是多少？

4. 如图 6-25 所示，A、B 两极板距离 12mm，电势差为 240V。C 点距正极板 4mm，D 点距负极板 4mm，求：

（1）两板间电场强度；

（2）若负极板 B 接地，则 A、B、C、D 四点的电势各为多少？

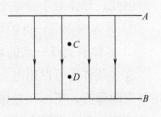

图 6-25　题 4 图

▶ 6.6 静电场中的导体

（1）静电感应

金属导体中存在着可以自由移动的电子。在正常状态下，导体中含有等量的正负电荷，导体对外不显电性。如果把一块金属导体放入匀强电场 E_0 中，导体中的自由电子将在电场力的作用下逆着电场方向移动，如图 6-26(a)，结果在导体两端出现等量异种电荷。像这样在外电场作用下，导体的电荷重新分布的现象叫**静电感应**。

静电感应是使物体带电的方法之一，这种方法叫感应起电。

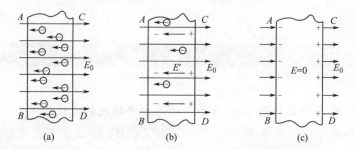

图 6-26　静电感应和静电平衡

（2）静电平衡状态

由于静电感应，导体两端出现等量的正负电荷（又称感应电荷），导体中就会产生一个附加电场 E'，E' 与 E_0 方向相反，如图 6-26(b) 所示。随着感应电荷的不断增多，E' 不断增大，导体内部的合场强（$E=E_0-E'$）不断减小，直至 $E=0$，这样导体内部的自由电荷不再发生定向移动，如图 6-26(c) 所示。

导体中（包括表面）没有电荷定向移动的状态叫**静电平衡状态**。

导体处于静电平衡时，导体表面各点的场强必定和导体表面垂直。否则，场强将沿导体表面有一分量，自由电荷将在该分量的作用下沿着物体表面移动，导体就不能处于静电平衡状态。

因此，导体处于静电平衡状态的条件是：

① **导体内部任一点的场强为零；**

② **导体表面任一点的场强都垂直于该处表面。**

这一条件还可以用电势来描述。由于导体处于静电平衡时内部场强为零，表面场强与表面垂直，所以在导体内部或表面上任意两点间移动电荷时，电场力都不做功。由此可知，导体上任意两点间的电势差都为零。因此，**处于静电平衡状态时，导体上各点电势都相等，表面为等势面，整个导体为等势体**。

(3) 静电平衡时导体上电荷的分布

静电平衡时，电荷在导体上怎样分布？请观察一下实验。

观察实验一

如图 6-27 所示，使空心金属球带电。用带绝缘柄的金属小球（验电球）接触空心金属球内壁后，再与验电器接触，验电器箔片不张开；使验电球接触空心金属外壁后与电器接触，箔片张开。

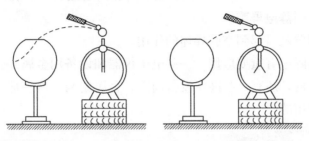

图 6-27　实验一图

实验表明：**处于静电平衡状态的导体，电荷只分布在导体的表面。**

观察实验二

如图 6-28 所示，使尖形绝缘导体带电，用验电球分别与导体的 A、B、C 各点接触后再与验电球接触（注意，接触各点之前，要将验电球上原有的电荷导走）。结果发现，验电球接触 C 时，箔片张角最大，其次是 B，最后是 A。

实验表明：**电荷在导体表面的分布与表面的弯曲程度有关。导体表面平坦处，电荷分布稀疏，电场较弱；导体表面突出和尖锐处，电荷分布密集电场较强。**

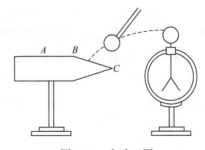

图 6-28　实验二图

如果导体有尖端，尖端处电荷特别密集，形成的电场特别强，可导致周围空气电离（这叫电离起电）。这时正负离子受电场力的作用移动，形成尖端放电现象，如图 6-29 所示。

尖端放电会使电能白白消耗，还会干扰精密仪器和通信设备的使用。在许多高压电器设备中，金属元件应避免带有尖棱，最好做成光滑的球形。不过尖端放电也可利用，避雷针就是利用尖端放电原理制成的。避雷针尖锐的一端安装在建筑物顶端，另一端通过粗导线接到深埋在地下的金属板上。当带电的雷雨云层接近建筑物时，放电

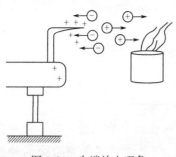

图 6-29 尖端放电现象

就在云层和避雷针间进行，云层的大量电荷通过导线流入地下，从而保护建筑物免遭雷击。应当注意的是，避雷针一定要与大地接触良好，否则会"引雷"轰击建筑物。

(4) 静电屏蔽

导体上的电荷处于静电平衡时，导体内部的场强为零。把物体或仪器放入一个空金属空腔内，由于空腔内场强为零，腔内物体不受外电场的影响，这种现象叫**静电屏蔽**。

通常，金属网罩就可起到空腔导体的作用。

静电屏蔽在实际中有重要应用。一些电子仪器和设备用金属外壳，有些通信电缆外面包上一层金属皮，还有一些高压设备周围有金属栅网，这些都是用来防止外电场的干扰，起屏蔽作用的。

 物理万花筒

富兰克林与避雷针

富兰克林（1706—1790），美国物理学家、发明家、政治家、社会活动家。富兰克林是第一个在纯科学领域中享有国际声誉的美国科学家，是美国电学研究的先驱者。他对电学的研究结果统一了当时混乱的电学知识。他最主要的贡献就是对说明各种电现象的理论（如电荷的产生、电荷的移转、静电感应等）做了比较系统的阐述。通过实验，富兰克林首先提出电学史上一项重要的假说：电的单流质理论。富兰克林第一次用数学上的正负概念来表示两种电荷的性质；同时还发现了尖端放电现象。更重要的是，富兰克林提出了电的转移理论。以后，这个理论发展为电荷守恒定律，这是自然界最基本的定律之一。 1747 年，富兰克林对莱顿瓶进行了研究，阐明了电容器的原理。

在 1749～1751 年，富兰克林仔细观察和研究了雷、闪电和云的形成，提出了云中的闪电和风筝实验摩擦所产生的电性质相同的推测。 1750 年提出了关于避雷针的建议。这一建议首先于 1852 年在法国马利大学得到应用。 1752 年他在费城和他的儿子一起冒着生命危险，在雷雨交加之际，将一只带有铁丝尖端的丝绸风筝放入云层，通过打湿的绳索和末端栓的金属钥匙，将"天电"吸收到莱顿瓶中，进行了震动世界的"费城风筝实验"，证明了他的"闪电和静电的同一性"设想。次年，富兰克林发明了避雷针。避雷针的发明为人类的生存和发展带来了福音。富兰克林这种善于将理论应用于实践的精神尤其值得后人学习。

问题与练习

1.高压输电线路有了故障，为不影响正常用电，工作人员一般都带电维修。为保证安全它们必须穿上一种用细铜丝（或导电纤维）和纤维纺织而成的导电性能良好的工作服（也叫屏蔽服、均压服），请说明原因。

2.如图 6-30 所示，A 为空心金属球，B 为带正电的带电球，将一个不带电的小球 C 从 A 球开口处放入 A 球中央，不接触 A 球。则：

A. C 球将向右偏；

B. C 球将向左偏；

C. C 球仍处于原位置。

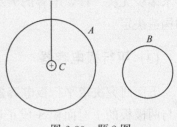

图 6-30　题 2 图

6.7　电容器和电容

（1）电容器

生活中有储存水的容器，如水桶；有储存气的容器，如煤气罐；电也有储存容器，叫做**电容器**。两个彼此绝缘而又互相靠近的导体就可构成一个电容器。最简单的电容器由两块互相靠近彼此绝缘的金属板组成，叫做**平行板电容器**。两个金属板称为电容器的**极板**。

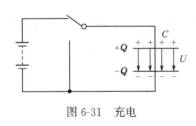

图 6-31　充电

如图 6-31 所示，把电容器的两个极板分别与电源的正负极相连，电容器的两个极板分别带上 $+Q$ 和 $-Q$ 的电量，则一个极板所带的电量 Q 的绝对值称为电容器的带电量。使电容器带电的过程叫充电。将充电后的电容器切断电源，用导线连接两个极板，则两极板上的电荷互相中和，电容器不再带电，这个过程叫放电。

（2）电容

电容器充电后，两极板上带有一定的正负电荷，因而两极板间存在一定的电势差 U。实验表明，这个电势差会随着带电量 Q 的改变而改变，但二者的比值 Q/U 却是一个常量，与电容器的带电量无关。不同的电容器，这个比值一般不同，在电势差相同的情况下，比值越大的电容器带的电量越多。因此，这个比值反映了电容器容纳电

荷的特性，我们把它定义为**电容**，用符号 C 来表示。则

$$C = \frac{Q}{U}$$

国际单位制中，电容的单位是法拉，简称法，符号是 F。$1F = 1C/V$。常用电容单位还有微法（μF）和皮法（pF），它们之间的换算关系为

$$1F = 10^6 \mu F = 10^{12} pF$$

电容是表示电容器存储电荷本领的物理量，如同水容器的容积与容器是否盛水或盛水多少无关一样，电容的大小与电容器是否带电，带多少电无关，只由电容器本身的构造决定。

(3) 平行板电容器

下面研究决定平行板电容器电容的因素。理论和实验都表明，平行板电容器的电容与两极板的正对面积 S 成正比，与极板间的距离 d 成反比。若两极板间是真空，则平行板电容器的电容可表示为

$$C_0 = \frac{S}{4\pi k d}$$

式中，k 是静电力恒量。

由上式，人们曾想到用增大极板面积和减小板间距离的方法来获得较大的电容，以提高电容器存储电荷的能力。然而这种方法并不实用，请看下面的例题。

[例6-5] 平行板电容器充电后，继续保持电容器的两极板与电源相连，在这种情况下，如增大两板间距 d，则板间电势差 U、电容器所带电量 Q，板间场强 E 各如何改变？

解析： 充电后，继续保持电容器与电源相连，电容器两板间电势差 U 不变。如增大 d，则由 $C = \frac{\varepsilon_r S}{4\pi k d}$，$C$ 将减小，再 $C = \frac{Q}{U}$，Q 减小，依 $E = U/d$，E 将减小。

[例6-6] 平行板电容器充电后，与电池两极断开连接，当两极板间的距离减小时（　　）。

A. 电容器的电容 C 变大

B. 电容器极板的带电量 Q 变大

C. 电容器两极间的电势差 U 变大

D. 电容器两极板间的电场强度 E 不变

解析： 平行板电容器的电容 $C = \frac{\varepsilon_r S}{4\pi k d}$。当两极间距离 d 减小时，电容 C 变大，选项 A 正确。

充电后，切断电容器与电源的连接，电容器所带电荷量 Q 不变，B 项错误。减小 d，C 增大而使 U 减小，选项 C 错误。由 $E = \frac{U}{d} = \frac{Q}{Cd} = \frac{4\pi k Q}{\varepsilon_r S}$，则 E 不变，选项 D 正确。

答案：A、D

从实用的角度看，尽管板间距离已很小，这个极板的边长仍然太长了一些。如何采用较小的极板而能获得较大的电容呢？人们在探索中发现，在电容器的极板中插像纸、云母、陶瓷等绝缘物质（也叫电介质）时，电容会成倍增大。实验表明，平行板电容器间充满某种电介质后，其电容 C 就由真空时的电容 C_0 增大 ε_r 倍，即

$$C = \varepsilon_r C_0$$

其中 $\varepsilon_r = C/C_0$，称为介质的相对电容率（也叫相对介电常数）。

表 6-1 给出了几种电介质的相对电容率。

表 6-1 几种电介质的相对电容率

电介质	真空	空气	石蜡	纸	陶瓷	云母	聚苯乙烯
ε_r	1	1.0005	2~2.1	约5	6	6~8	2.56

在电介质中，平行板电容器的电容为

$$C = \frac{\varepsilon_r S}{4\pi kd}$$

同学们不妨算一下，上例中的电容器若充以 $\varepsilon_r = 8$ 的云母，则极板的边长可减至多少？

（4）常用电容器

电容器种类繁多，从构造上看可分为固定电容器和可变电容器两类。固定电容器的电容是固定不变的。常用的有聚苯乙烯电容器和电解电容器。如图 6-32 所示，右上角是它的符号，聚苯乙烯电容器是在两层锡箔或铝箔中间夹聚苯乙烯薄膜，卷成圆柱体制成。电解电容器是用铝箔做一个极板，用铝箔上很薄的一层氧化膜做电解质，用浸过电解液的纸作另一个极板制成的，其极性是固定的，不能接错，如图 6-33 所示，右上角是它的符号。

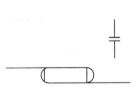

图 6-32　聚苯乙烯电容器

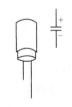

图 6-33　电解电容器

可变电容器的电容是可以变化的，如收音机选台用的就是可变电容器，如图 6-34 所示，图（a）壳内为塑料介质，图（b）壳内为空气介质，右上角是它的符号。

电容器上一般标有两个参数：电容量和额定电压。使用时不要超过额定电压，否则电容器将被损坏。

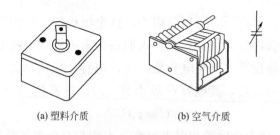

(a) 塑料介质　　　　　(b) 空气介质

图 6-34　可变电容器

电容器是现代电工技术和电子技术中的重要元件。其大小形状不一，有大到比人还高的巨型电容器，也有小到肉眼无法看见的微型电容器。在超大规模集成电路中，$1cm^2$ 可容纳数以万计的微型电容器。随着纳米技术的发展，更微小的电容器将会出现，电子技术正日益向微型化发展。同时，电容器的大型化也日趋成熟，利用高容量的电容器可获得高强度的激光束，为实现人工控制核聚变等高科技技术提供了条件。

 物理万花筒

物理传感器

传感器是一种常见的重要器件，它是感受规定的被测量的各种量并按一定规律将其转换为有用信号的器件或装置。

物理传感器是检测物理量的传感器。它是利用某些物理效应，把被测量的物理量转化成便于处理的能量形式信号的装置。其输出的信号和输入的信号有确定的关系。作为例子，让我们看看几种比较常用的电容式传感器。

工程技术中常用的电容传感器有极距变化型、面积变化型和介质变化型三种。

（1）极距变化型

由电容器的公式 $C=\dfrac{\varepsilon S}{4\pi kd}$ 可知，若平行板电容器的正对面积及板间介质不变，则当板间距离 d 发生变化时电容器的电容就会发生变化。这种传感器主要用来测量微小位移，以及引起微小振动的作用。图 6-35 是电容压力计的原理图。电容器的一个极板 A 固定，

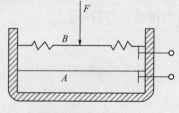

图 6-35　电容压力计

另一个极板 B 为一弹性膜片。在压力 F 的作用下，电容器板间距离发生变化，从而引起电容发生变化。求出电容 C，就可知道 F 的大小。

（2）面积变化型

若板间距离和介质不变，当两板相对面积发生变化时电容 C 就会发生变化。知道 C 的变化，就可知道引起 C 变化的量的情况。

（3）介质变化型

电容器的电容与介质有关，介质发生变化时，电容也随之发生变化。图6-36是电容式流量计示意图。在工业生产中，可以在管道中用气流输送颗粒状和粉末状原料。传送管里有一个与管壁绝缘的电极，它与管壁构成一个电容器。固体颗粒通过电容器极板间时所引起的微小的电容变化，经电容变送器转换成与固体流量成正比的电压信号，通过显示仪表可读得被测流量值。

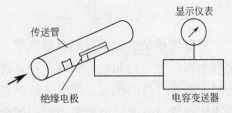

图6-36 电容式流量计

除电容式传感器以外，还有许多类型的物理传感器。如电阻式传感器、光电式传感器、电磁式传感器、压电式传感器、压阻式传感器、热电式传感器、光导纤维传感器等。其原理都是类似的，即将微小的、不易测量的物理量转化为容易测量的物理信号，从而间接获得需要的量值。比如呼吸测量是临床诊断肺功能的重要依据，在外科手术和病人监护中都是必不可少的。在使用用于测量呼吸频率的热敏电阻式传感器时，把传感器的电阻安装在一个夹子前端的外侧，把夹子夹在鼻翼上，当呼吸气流从热敏电阻表面流过时，就可以通过热敏电阻来测量呼吸的频率以及热气的状态。

从以上的介绍可以看出，物理传感器有着多种多样的应用。传感器测量作为数据获得的重要手段，是工业生产乃至家庭生活所必不可少的器件，而物理传感器又是最普通的传感器家族，灵活运用物理传感器必然能够创造出更多的产品，获得更好的效益。

问题与练习

1.收音机选台用的电容器（见图6-37）通常由两组铝片组成，固定的一组叫定片，能转动的一组叫动片，请你分析为什么动片转动时，电容C会变化？转动到什么位置C最大，什么位置C最小？它可以用来测量角度的变化吗？

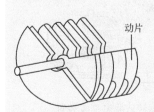

图6-37 可变电容器

2.若平行板电容器一直与电源保持相连，当电容变化时，＿＿＿＿＿＿不变；若充电后断开电源，当电容变化时，＿＿＿＿＿＿不变。

3.一个电容器，两极板间带电量增加到2×10^{-9}C时，电容器极板间的电势差由20V增加到40V，求：

（1）该电容器的电容C；

（2）电容器原来的带电量Q；

（3）如果把极板上的电荷全部放掉，电容器的电容是多少？

6.8　静电的利用和防止

　　静电现象是十分常见的自然现象。天气干燥时梳头，梳子吸引头发；黑夜里脱下化纤毛衣，会听到响声，看到火花，这都是静电现象。静电是由摩擦产生的，物体摩擦时，随着电荷的积累，带电体的电势差不断增大，当电势差增大到一定程度时，带电物体间就会发生放电现象，我们便会听到声音或看到火花。

（1）静电的利用

　　静电在生产、科研、生活中有着广泛的应用，下面举例说明。

　　① 静电除尘。

　　以煤做燃料的工厂、电站，每天排出大量"黑烟"。这些黑烟中含有大量煤粉，不仅浪费原料，而且污染环境。利用静电除尘可以消除烟气中的粉尘。如图 6-38 所示，静电除尘器的原理是给除尘器的管壁 A 或金属丝 B 间加上高压电源，使它们之间形成强电场，此电场使空气分子电离，负电荷在向 A 运动时遇到煤粉，使粉尘带负电，因而被吸附到 A 上，最后在重力作用下落入灰尘出口处。

　　② 静电喷漆。

　　图 6-39 是一种旋杯式静电喷漆装置的示意图。它的主要部分是一个高速旋转的金属喷杯，杯中心有一个输漆管，油漆由输漆管喷出。工作时被喷漆的工件接高压电源的负极（约 100kV），在工件与喷杯间形成强电场。由于喷杯高速旋转，使喷出的油漆雾化，且带有负电荷。带有负电荷的雾状油漆微粒在电场力的作用下加速飞向工件表面，最后形成均匀的油漆层。这种喷漆方式能使油漆更牢固地吸附在工件表面，并能减少油漆对环境的污染和油漆的损耗。

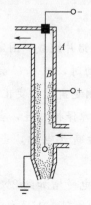

图 6-38　静电除尘器

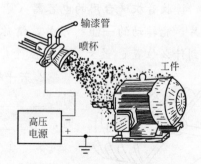

图 6-39　旋转式静电喷漆装置

　　③ 静电在宇航事业中的应用。　宇宙航行中会出现"失重"现象，一切物体都会失去它在地球上的常态，如果不加以固定，它们就会满舱乱飞，水不会留在杯里，更不会顺利入口。同样，燃料箱中的液态燃料也不会顺利流动。为此，人们设计了静

电加料器，使燃料箱的出口处交替安置了几个正、负极板，并使电场在出口处加强，使燃料在强电场中极化，并向电场较强的出口处流动。虽然这力不大，但在失重条件下很小的力也能发挥很大的作用。

（2）静电的危害

静电能为人们利用，也会带来危害：人在地毯上行走，由于带有静电，在触摸金属门把手时会产生放电，严重时会使人痉挛；洗干净的纤维衣服带上静电容易蒙尘；带静电很多的人触摸计算机时会产生火花放电，击穿某些电子元件；可燃气体、火药、石油产品在带上静电时，会在一定条件下发生火花放电而引起燃烧、爆炸等恶性后果。1977 年 12 月 8 日，某工厂一石油罐爆炸起火，油罐顶盖抛上天空。在事故发生前，该厂工作人员以 0.6m/s 的流速将另一种油输入油罐，在输油 12min 时发生爆炸。经调查确认，爆炸是由罐内铁浮子与其他物体间放电所致。

（3）静电的防止

防止静电有以下途径：首先是减少静电的产生，比如在易摩擦的工件部位选用不易带电的材料；油体流动时流速越大越容易起电，故可以适当控制流速从而减少静电的产生；油体夹有水和空气或者不同种类的油相混合时，静电效应会增加，因此调油时必须尽量避免这些不利因素。其次是尽快地把产生的静电导走。在油罐车上拖一根接地的金属链条，靠它可以把静电导入大地；在地毯中掺入导电纤维可有效地消除静电。此外，潮湿的空气也有助于静电的排放。因此，在易产生静电的区域保持一定的空气湿度也可消除静电的危害。由此不难明白，如果你想成功地完成静电实验，一定要注意保持干燥。

本章小结

本章主要介绍了电荷、静电场的基本概念，对静电场进行定性和定量描述，并简要介绍了有关静电场的应用等基本知识。

一、电荷及其相互作用

1. 两种电荷

自然界只有正、负两种电荷。同种电荷互相排斥，异种电荷互相吸引。物体所带电荷的多少叫电荷量或电量。

2. 电荷守恒定律

电荷既不能被创造，也不能被消灭，只能从一个物体转移到另一个物体，或者从物体的一部分转移到另一部分，在转移的过程中，电荷的总和不变。

3. 库仑定律

在真空中，两个点电荷之间的相互作用力，跟它们的电荷量的乘积成正比，跟它

们距离的二次方成反比，作用力的方向在它们的连线上。库仑定律可用公式表示为

$$F = k\frac{Q_1 Q_2}{r^2}$$

二、电场和电场强度

1.电场

电荷间的相互作用是通过各自的电场传给对方的。电场的基本性质是对放入其中的电荷产生力的作用。

2.电场强度

放入电场中某点的电荷所受的电场力 F 跟它的电量 q 的比值，叫做该点的电场强度，简称场强。

$$E = \frac{F}{q}$$

场强是矢量，它具有方向性。规定电场中某点场强的方向与正电荷在该点所受电场力的方向相同。

若已知电场中某点的场强，就可求出点电荷在该点受到的电场力

$$F = qE$$

3.点电荷电场的场强

在点电荷 Q 产生的电场中，距 Q 为 r 处场强大小为

$$E = k\frac{Q}{r^2}$$

E 的方向为：正点电荷 $+Q$ 的电场中，P 点场强方向沿 PQ 连线背离 Q；负点电荷 $-Q$ 的电场中，P 点的场强沿 PQ 连线指向 Q。

若有几个点电荷同时存在，这时某点的场强等于各个点电荷单独存在时在该点产生的场强的矢量和。

4.电场线

为了能够形象地描述电场的空间分布，人们在电场中画出一系列的曲线——电场线来描述电场。电场线应按如下规则画：曲线上每点的切线方向都与该点的场强方向一致；曲线的疏密程度反映该区域电场的强弱。

三、电势、电势差

1.电势能

电荷在电场中具有的势能称为电势能。

2.电场力做功与电势能的关系

电场力做多少功，就有多少电势能和其他形式的能发生相互转化。我们用公式将电场力做功与电势能的变化关系表示为

$$W_{AB} = E_{PA} - E_{PB}$$

3.电势

电势反映了电场本身的一种性质。

$$V = \frac{E_P}{q}$$

电势是标量，只有大小，没有方向，其大小只有在确定了零电势点后才能确定。同一电场中，零电势点和零电势能点取同一点。通常取无线远处为零电势点，实用中常取大地或仪器中公共地线为零电势点。

若已知电势，可求出点电荷在某点的电势能

$$E_P = qV$$

4.电势差

电场中任意两点间电势的差值叫做电势差，用符号 U 表示。若电场中 A、B 两点的电势分别为 V_A、V_B，则 A、B 两点间的电势差为

$$U_{AB} = V_A - V_B$$

电荷在电场中两点间移动时，电场力做的功等于电荷量与两点间电势差的乘积，即

$$W_{AB} = qU_{AB} = q(V_A - V_B)$$

5.等势面

电场中每一点都对应各自的电势值，把电势值相同的点连起来所构成的面叫等势面。电场线与等势面处处垂直。

四、静电场知识应用

1.静电感应

在外电场作用下，导体上电荷重新分布的现象叫静电感应。静电感应是使物体带电的方法之一。

2.静电平衡状态

导体中（包括表面）没有电荷定向移动的状态叫静电平衡状态。导体处于静电平衡时，有以下特点：

（1）导体内部任一点的场强为零；

（2）导体表面任一点的场强都垂直于该处表面；

（3）导体上各点电势都相等，导体表面为等势面，整个导体为等势体。

处于静电平衡状态的导体，电荷只分布在导体的表面。且电荷在导体表面的分布与表面的弯曲程度有关。导体表面平坦处，电荷分布稀疏，电场较弱；导体表面突出和尖锐处，电荷分布密集，电场较强。如果导体有尖端，尖端处电荷特别密集，电场特别强，可导致周围空气电离形成尖端放电现象。避雷针就是利用尖端放电原理制成的。

3.静电屏蔽

导体上的电荷处于静电平衡时，导体内部场强为零，把物体或仪器放入一个金属空腔内，由于空腔内场强为零，这样就可使腔内物体不受外电场的影响，这种现象叫静电屏蔽。

五、平行板电容器

平行板电容器的电容与两极板的正对面积 S 成正比，与极板间距离 d 成反比。若两极板间是真空，则平行板电容器的电容可表示为

$$C_0 = \frac{S}{4\pi k d}$$

在电介质中，平行板电容器的电容为

$$C = \frac{\varepsilon_r S}{4\pi k d}$$

课后达标检测

一、填空题

1. 真空中有两个点电荷，电量分别为 q_1 和 q_2，它们之间的距离为 r 时，相互作用库仑力为 F，若保持电荷量不变，而距离变为 $r/2$ 时，它们之间的库仑力变为 _____ F；若保持距离不变，而每个电荷的电荷量均变为原来的 $1/2$，则它们之间的库仑力将变为 _____ F。

2. 将一个电荷量为 2×10^{-5} C 的点电荷 q，放在另一点电荷 Q 产生的电场中的 P 点，q 受到的电场力为 2×10^{-2} N。则 P 点的电场强度为 _____。如果 P 点和 Q 相距 10cm，则 Q 的电荷量为 _____。

二、选择题

1. 真空中两个等量异号电荷的电荷量均为 q，相距为 r，两点电荷连线中点处的场强为（ ）。

A. 0　　　　　　B. $4kq/r^2$　　　　　C. $8kq/r^2$　　　　　D. $2kq/r^2$

2. 如图 6-40 所示的电场中有 A、B 两点，则对 A、B 两点的场强和电势表达正确的是（ ）。

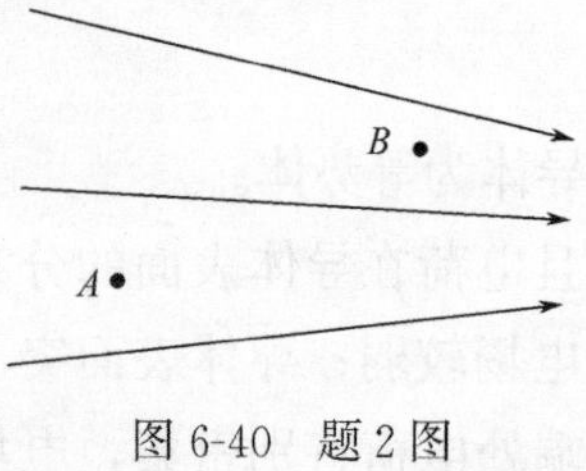

A. $E_A > E_B$；$V_A > V_B$

B. $E_A > E_B$；$V_A < V_B$

C. $E_A < E_B$；$V_A > V_B$

图 6-40　题 2 图

D. $E_A < E_B$；$V_A < V_B$

3. 在静电场中，下列说法不正确的是（ ）。

A. 电荷在电场中电势高的地方，具有的电势能一定大

B. 在电场中电势相等的地方，场强不一定相等

C. 电场强度的方向总是跟等势面垂直

D. 沿电场线方向，电势总是不断降低

4. 一电容器充电后与电源断开。当增大两极板间距离时，电容器所带电量 Q、电

容 C、两极板间电压 U、场强 E 的变化情况是（　　）。

A. Q 变小，C 不变，U 不变，E 变小

B. Q 变小，C 变小，U 不变，E 不变

C. Q 不变，C 变小，U 变大，E 不变

D. Q 不变，C 变小，U 变小，E 变小

三、计算题

1. 一个质量为 $m=30g$，带电量为 $q=+1.7\times10^{-6}C$ 的半径极小的小球，用丝线悬挂在某匀强电场中，电场线水平。当小球平衡时，测得悬线与竖直方向成 30°角，如图 6-41 所示，求：

（1）该电场的场强大小，方向；

（2）小球对细线的拉力。

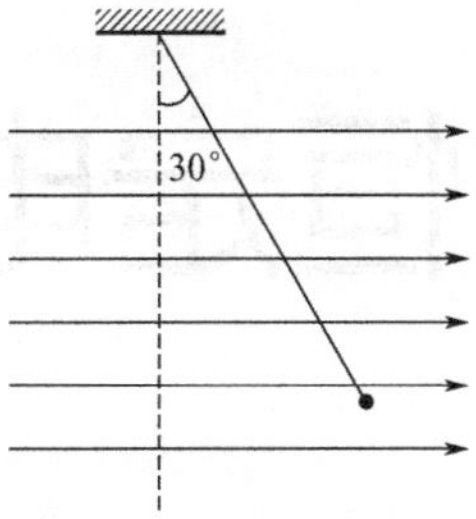

2. 电量为 $5\times10^{-8}C$ 的正点电荷，从电场中电势为零的 O 点移到 M 点，电场力所做的功为 $1\times10^{-6}J$，求 M 点的电势。如果把这个电荷从电场内 N 点移到 M 点，电场力所做的功为 $-2\times10^{-6}J$，求 N 点电势。

3. 真空中，两块面积为 $0.01m^2$ 的平行金属板，板间距离为 $0.01m$，板上带有电荷量 $1\times10^{-6}C$，试求：

（1）两板间的电势差 U 和场强 E；

（2）作用于置于两板间的电子上的力 F。

图 6-41　题 1 图

第7章

恒定电流

在生产和生活中，电能的应用非常广泛，其中许多应用都需要有效地利用和控制电流。本章将在初中学习的基础上，研究直流电路的基本概念、规律及其应用。

▶ 7.1 电流和欧姆定律

(1) 电流

电荷的定向移动形成电流。因此，要形成电流首先要有能够自由移动的电荷——自由电荷。金属导体中的自由电子、电解液（酸、碱、盐的水溶液）中的离子都是自由电荷。其次，自由电荷必须受到电场力的作用才能定向移动，故导体两端存在电势差是形成电流的另一必要条件。

导体中的电流可以是正电荷定向移动，也可以是负电荷定向移动，还可以是正负电荷同时定向移动形成。常用的导线是金属制成的，在金属中，能够移动的是自由电子，电子带负电，所以，金属中电流的方向与电子定向移动的实际方向相反，如图7-1所示。习惯上，**规定正电荷的运动方向为电流的方向**。

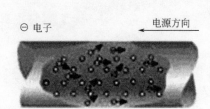

图7-1　金属中自由电子的运动

28

（2）电流强度

电流有强有弱，电流的强弱用**电流强度**（简称**电流**）来表示。

通过导体横截面的电荷量 q 跟通过这些电荷量所用时间 t 的比值称为电流，用 I 表示。

$$I = \frac{q}{t}$$

电流的国际单位是安培，简称安，用符号 A 表示。安培是国际单位制中的一个基本单位。若 1s 内有 1C 的电荷量通过导体横截面，那么导体中通过电流就是 1A。常用的电流单位还有毫安（mA）、微安（μA）。

$$1A = 10^3 mA = 10^6 \mu A$$

电流是标量，通常说的电流方向只是指电路中电荷流动的去向，并不是指电流也像力那样可以有任意的空间方向。

方向不随时间改变的电流叫做直流电。方向和强弱都不随时间的改变的电流叫恒定电流。通常所说的直流电指的就是恒定电流。

（3）部分电路欧姆定律

导体两端加上电压才会产生电流。那么电压和电流有什么关系呢？德国物理学家欧姆在 1827 年经过精确的实验得出结论：**导体中的电流与导体两端的电压成正比，与导体的电阻成反比。**即

$$I = \frac{U}{R} \quad 或 \quad U = IR$$

这就是初中学过的**部分电路欧姆定律**。

电阻的国际单位是欧姆，简称欧，符号是 Ω。$1\Omega = 1V/A$，若导体两端加上 1V 的电压，导体中的电流是 1A，则这段导体的电阻为 1Ω。常用的电阻单位还有千欧（kΩ）、兆欧（MΩ）。

$$1M\Omega = 10^3 k\Omega = 10^6 \Omega$$

（4）线性元件和非线性元件

导体中电流和电压的关系可以用图线来表示。以横轴表示电压 U，纵轴表示电流 I，得出的 U-I 图线叫做伏安特性曲线。图 7-2 为金属导体的伏安特性曲线。由于金属导体中电流跟电压成正比，故图线为一条通过坐标原点的直线。具有这种伏安特性的电学元件叫线性元件。如金属导体、电解质溶液等。

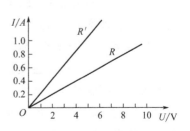

图 7-2　金属的伏安特性曲线

有一些电学元件，其电流与电压的关系并不成比，其伏安特性曲线也不是直线。如图 7-3 为晶体二

极管的伏安特性曲线。这种电学元件叫**非线性元件**。晶体管、气态导体（如日光灯管中的气体）等都是非线性元件。欧姆定律不适用于非线性元件。

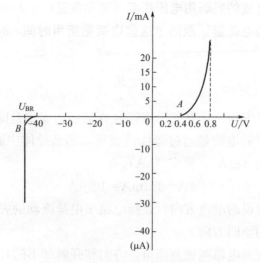

图 7-3　晶体二极管的伏安特性曲线

 物理万花筒

欧姆的趣闻轶事

　　欧姆 1787 年 3 月 16 日出生于德国埃尔朗根的一个锁匠世家，父亲乔安·渥夫甘·欧姆是一位技术熟练的锁匠，母亲玛莉亚·伊丽莎白·贝克是埃尔朗根的裁缝师之女。虽然欧姆的父母从未受过正规教育，他的父亲只是一名锁匠，但他十分爱好数学和哲学，并自学成材，他高水平的自学程度足以让他给孩子们出色的教育。欧姆从小就在父亲的教育下学习数学并受到有关机械技能的训练，父亲对他的技术启蒙，使欧姆养成了动手的好习惯，他心灵手巧，做什么都像样。这对他后来进行研究工作，特别是自制仪器有很大的帮助。物理是一门实验学科，如果只会动脑不会动手，那么就好像是用一条腿走路，走不快也走不远。欧姆要不是有这一手好手艺，木工、车工、钳工样样都能来一手，他是不可能获得如此成就的。在进行了电流随电压变化的实验中，欧姆正是巧妙地利用电流的磁效应，自己动手制成了电流扭秤，用它来测量电流强度，才取得了较精确的结果。

　　1827 年，欧姆发表《伽伐尼电路的数学论述》，从理论上论证了欧姆定律，欧姆满以为研究成果一定会受到学术界的承认，也会请他去教课。可是他想错了，书的出版招来不少讽刺和诋毁，大学教授们看不起他这个中学教师。德国人鲍尔攻击他说："以虔诚的眼光看待世界的人不要去读这本书，因为它纯然是不可置信的欺骗，它的唯一目的是要亵渎自然的尊严。"这一切使欧姆十分伤心，他在给朋友的信中写道："伽伐尼电路的诞生已经给我带来了巨大的痛苦，我真抱怨它生不逢时，因为深居朝廷的人学识浅薄，他们不能理解它的母亲的真实感情。"当然也有不少人为欧姆抱不平，发表欧姆论文的《化学和物理杂志》主编施韦格（即电流计发明者）写信给欧姆说："请您相信，在乌云和尘埃后面的真理之光最终会透射出来，并含笑驱散它们。"，之后，欧姆辞去了在科隆的职务，又去当了几年私人教师，直到七八年之后，随着研究电路工作的进展，人们逐渐认识到欧姆定律的重要性，欧姆本人的声誉也大大提高。1841 年英国皇家学会授予他科普利奖章，1842 年被聘为国外会员，1845 年被接纳为巴伐利亚科学院院士。为纪念他，电阻的单位"欧姆"，就是以他的姓氏命名的。

问题与练习

1. 在示波管中，电子枪在两秒内发射 6×10^{13} 个电子，那么示波管中电流的是多少？

2. 已知金属电器 A 的电阻是 B 的电阻的 2 倍，加在 A 上的电压是加在 B 上的电压的一半，那么通过 A 和 B 的电流 I_A 和 I_B 的关系是（　　）。

A. $I_A = 2I_B$　　　B. $I_A = I_B/2$　　　　C. $I_A = I_B$　　　　D. $I_A = I_B/4$

3. 画出电阻为 10Ω 的金属导体的伏安特性曲线。当导体的电阻变为 20Ω、5Ω 时，其伏安特性曲线将怎样变化？

4. 人体通过 50mA 的电流时，就会引起呼吸器官麻痹。如果人体的最低电阻为 800Ω，求人体的最高安全电压（国家规定照明用电的安全电压为 36V）。

7.2 电阻定律和电阻率

我们已经知道，电阻是导体本身的一种性质，它的大小决定于导体本身的一些因素，如构成导体的材料、长度、横截面积等。本节将研究电阻与这些因素之间的关系。

观察实验一

按图 7-4 连好电路。图中 A、B 之间接待研究的合金导线。按下列步骤进行实验。

把材料、横截面积相同但长度不同的两段铜线先后接入电路中，调节变阻器，令两段铜线上的电压相同，测出电流。结果发现，电流与导线的长度成反比。

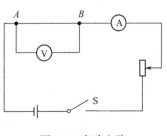

图 7-4 实验电路

这表明导线的电阻与长度成正比。

观察实验二 📝

把材料、长度相同但横截面积不相同的两段铜线先后接入电路，重复上述步骤。结果发现，电流与导线的横截面积成正比。

这表明导线的电阻与横截面积成反比。

观察实验三 📝

把长度、横截面积都相同的两段铜线和铝线，分别接入电路，重复上述步骤。结果发现，导线的材料不同，电流也不同。

这表明材料不同，导体的电阻不同。

实验证明：**当导体的材料一定时，导体的电阻 R 跟它的长度 L 成正比，跟它的横截面积 S 成反比，这就是导体的电阻定律**。用公式表示可写成

$$R = \rho \frac{L}{S}$$

式中的比例常数 ρ 跟导体的材料有关，它反映了材料的导电性能，叫做材料的**电阻率**。在国际单位制中电阻率的单位是欧姆·米，简称欧·米，用符号 $\Omega \cdot m$ 表示。长为 $1m$，横截面积为 $1m^2$ 的导体，若其电阻为 1Ω，则其电阻率为 $1\Omega \cdot m$。表 7-1 为一些常用材料的电阻率。

表 7-1　几种导体材料在 20℃ 时的电阻率

材料	电阻率/$(\Omega \cdot m)$
银	1.6×10^{-8}
铜	1.7×10^{-8}
铝	2.9×10^{-8}
钨	5.3×10^{-8}
铁	1.0×10^{-7}
锰铜合金	4.4×10^{-7}
镍铜合金	5.0×10^{-7}
镍铬合金	1.0×10^{-6}

说明：锰铜合金中 85% 铜，3% 镍，12% 锰；镍铜合金中 54% 铜，46% 镍中镍铬合金中 67.5% 镍，15% 铬，16% 铁，1.5% 锰。

从表 7-1 中可以看出，有些材料的电阻率很小，而有些材料的电阻率很大。我们把电阻率小于 $10^{-6}\Omega \cdot m$ 的材料叫做导体，如金属等。把电阻率大于 $10^7\Omega \cdot m$ 的材料叫绝缘体，如实木、橡胶等。电阻率介于二者之间的材料叫半导体，如锗、硅等。

对于导线，我们希望它电阻越小越好，所以一般都用铜、铝等电阻率小的纯金属制成。当我们隔离带电体时，用做隔离物质的材料其电阻越大越好，所以要用电阻率大的材料。比如，金属导线的外部通常包有一层漆皮，电工用具的把手常用木头、橡胶做把套等。

各类材料的电阻率会随温度的变化而变化。金属的电阻率随温度升高而增大，对于不同材料的导体，增大的程度不同。钨、铜、铂等的电阻率随温度变化较明显，利用这种特性可以制作电阻温度计，用来测量高温物体的温度。常用的电阻温度计就是用铂丝做成的。有些特殊合金，如锰铜、康铜等，它们的电阻率随温度的变化极小，常用来制作标准电阻及精密仪器中的电阻。有些半导体材料，如硅、锗等，它们的电阻率随温度升高而减少，而且这种变化很迅速，用它们制成的热敏电阻计目前已广泛应用于自动化控制系统。

金属的电阻率会随着温度的降低而减小。人们发现，当温度降到接近绝对零度时，某些材料的电阻率将突然减少到零，这种现象叫**超导现象**。

能够发生超导现象的物质称**超导体**。材料由正常状态转变为超导状态的温度称为转变温度（也叫临界温度）。铅的转变温度为 7.0K，水银的转变温度为 4.2K，铝的转变温度为 1.2K。超导体的最大特点是电阻率为零，这意味着利用超导体输电将没有电能损耗。此外超导体还有其他一系列的独特的物理特性，因此超导体在技术应用中有着诱人的前景。但是，超导材料的转变温度很低，所以它的应用受到限制。目前，我国和世界各国都在积极研究，寻找在室温下就能工作的超导材料，以便使其能有广泛的应用。

😊 物理万花筒

超导体

1911 年，荷兰物理学家卡末林·昂纳斯发现了超导现象。他在测定汞在低温下的电阻时，发现当温度降到 4.2K 附近时，其电阻突然下降为零。人们把这种现象称为超导现象。到目前为止，人们已经发现了几十种金属、几千种合金和化合物具有超导电性。由于超导体只能在低温状态下工作，需要许多低温设备和技术，费用昂贵，因此，人们一直在寻找在高温下具有超导电性的材料。然而直到 1985 年所得到的最高超导转变温度也不过 23K。 1986 年 4 月，美国 IBM 公司的缪勒和柏诺兹博士成功地发现镧钡铜氧化物中存在 35K 的超导转变，为超导体研究开辟了新道路，将超导体从以前的金属、合金化合物扩展到氧化物，他们因此获得了 1987 年的诺贝尔物理学奖。此后，逐渐发现了转变温度较高的一些超导体。 1987 年 2 月 20 日，中国宣布获得转变温度为 78.5K 的超导体，并首次公布了它的成分：钇钡氧陶瓷，整个世界为之震动。 1989 年，我国科学家又发现了转变温度为 130K 的超导材料。中国在高温超导材料研制方面一直走在世界前列。

超导体的电阻为零，用它来输送电流没有能量损耗，可以取消一些设备复杂容易出事故的变电站，并能大大提高输电功率；用超导材料制造发电机的线圈，能大大减少发电机的能量损耗，且体积小，性能优越；将超导材料应用于潜艇的动力系统，可以大大提高它的隐蔽性和战斗力；用超导材料制作的计算机比一般计算机操作速度快 100 倍，而耗电量却只有一般计算机的百分之一；超导材料还可用来制造灵敏的电磁信号探测元件，用这种探测元件制成的超导量子干涉磁强计可以测量地球磁场几十亿分之一的变化，也能测量人的脑磁图和心磁图；超导材料也可以制作大型强磁体，超导体是制作磁悬浮列车的关键部件，用它产生的巨大磁力能使列车悬浮起来。

超导材料的用途还有很多，如果能找到在常温下工作的超导体，一定会对科学技术、生产实践和现代生活产生深远的影响。

问题与练习

1. 一段均匀导线的电阻是 8Ω，把它对折后作为一条导线使用，电阻变为多少？若把它均匀拉长到原来的 2 倍，电阻又变为多少？

2. 有一条铜线长 1000m，横截面半径为 2mm，如果导线两端电压为 8V，求该导线中的电流。

3. 一均匀电阻线圈，其电阻丝的横截面积 $S=2\text{mm}^2$。电阻率 $\rho=1.1\times10^{-6}\Omega\cdot\text{m}$。现将线圈两端加上 $U=4.4\text{V}$ 的电压，测得流过它的电流 $I=0.08\text{A}$。求该线圈的电阻值及其电阻丝的长度。

7.3 电功和电功率

（1）电功

电流通过一段电路时，自由电荷在电场力的作用下定向移动，形成了电流。可见，电流流动的过程就是电场力对电荷做功的过程。电流流过导体，电场力对电荷做功，我们就说电流做了功，简称**电功**。

我们已经学过，电场力做功的过程，实质上是电能转换为其他形式的能的过程。如电流通过灯泡发光，电能转换为光能；电流通过电炉子发热，电能转换为热能；电流通过电动机带动机器运转，电能转换为机械能，如图 7-5 所示。

若一段电路上电压为 U，流过的电流为 I，那么在时间 t 内，通过电路的电荷量 $q=It$。在这段时间内，电场力做的功为

$$W=qU=UIt$$

(a) 电灯发光　　　　　　(b) 电炉发热　　　　　　(c) 电车开动

图 7-5　电流做功

上式表明，**电流在一段电路上所做的功，等于这段电路两端的电压 U、电路中的电流 I 和通电时间 t 三者的乘积**。不管这段电路的电能转换成什么形式的能，都可用上式计算电功。

（2）电功率

电流所做的功相同时，所用时间往往有长有短。为了比较电流做功的快慢，引入电功率这一物理量。单位时间内电流所做的功叫**电功率**。用符号 P 表示。则

$$P = \frac{W}{t} = UI$$

上式表明，**一段电路上的电功率等于这段电路两端的电压 U 和电路中电流 I 的乘积**。

电功率的单位是瓦特，简称瓦，符号为 W。

$$1W = 1J/s = 1V \cdot A$$

通常，用电器上都标明了它的电功率和电压，这两个值分别叫做用电器的额定功率和额定电压。只有在额定电压下工作，用电器消耗的功率才是额定功率。使用电器时，必须查清实际提供的电压与额定电压是否一致，尽量使它在额定电压下工作。尤其注意不要把用电器接到超过它的额定电压的电源上，否则可能损坏用电器。

（3）焦耳定律

电流通过导体时，做定向移动的自由电子频繁地与金属中的正离子相撞，碰撞后，自由电子就把一部动能传递给与它们相撞的正离子，使得分子热运动加剧，内能增加，于是导体的温度就升高，并向周围传递热量。人们把电流通过导体发热的现象叫做**电流的热效应**。电流的热效应是把电能转化为导体内能的表现。电炉、电熨斗、电暖气就是利用电流热效应的典型例子。

对于一段只有电阻元件的电路，电场力做的功 W 就等于电流通过这段电路时产生的热量 Q，即 $Q = UIt$。由欧姆定律 $U = RI$ 知，热量 Q 还可以表示为

$$Q = I^2Rt$$

这一关系最初是由英国物理学家焦耳（1818—1889）用实验直接得到的，这就是我们初中时学过的**焦耳定律**。

单位时间内发热的功率 $P = \dfrac{W}{t}$ 通常称为**热功率**，电路中的热功率 P 为

$$P = I^2 R$$

这里的讨论仅限于纯电阻电路，由于电能完全转化为内能，这时电功与产生的热量相等，电功率与热功率相等。

如果不是纯电阻电路，电路中包含有电动机、电解槽等用电器，那么电能除一部分转化为内能外，还有一部分要转换为机械能、化学能等其他形式的能，这时电功仍等于 UIt，用电器本身电阻所产生的热量仍等于 I^2Rt，但它们不再相等，电功大于电阻上的热量。同时，电功率大于热功率。

由于电流的热效应，输电导线与各种用电器的设备、仪表和元件，在通电时不但白白消耗了电能，而且还可能因为温度升高而使其性能发生变化甚至造成故障。因此，有些用电器常采用强制冷却降温措施，配有电风扇或空气调节器等。

[例7-1] 一根 60Ω 的电阻丝接在 $36V$ 的电源上，在 $5\min$ 内共产生多少热量？

分析：先利用欧姆定律计算出通过电阻丝的电流，再利用焦耳定律公式计算电流产生的热量。

解：（1）通过电阻丝的电流

$$I = \frac{U}{R} = \frac{36}{60} = 0.6(\text{A})$$

（2）在 $5\min$ 内共产生热量

$$Q = I^2Rt = (0.6)^2 \times 60 \times 300 = 6480(\text{J})$$

[例7-2] 一台直流电动机，内阻 $r = 0.4\Omega$，额定电压为 $110V$，在正常工作时通过的电流 $I = 50A$。求：

（1）电动机消耗的电功率 $P_电$；

（2）电动机消耗的热功率 $P_热$；

（3）电动机的效率。

分析：用电器不是纯电阻，故电功率与热功率不相等，应分别计算。

解：（1）电动机的电功率为

$P_电 = UI = 110 \times 50 = 5.5 \times 10^3$ （W）

（2）电动机消耗的热功率为

$P_热 = I^2R = 500 \times 0.4 = 1 \times 10^3$ （W）

（3）电动机将电能转化为机械能的功率为

$P_机 = P_电 - P_热 = 5.5 \times 10^3 - 1 \times 10^3 = 4.5 \times 10^3$ （W）

故电动机的效率为

$$\eta = \frac{P_机}{P_电} = \frac{4.5 \times 10^5}{5.5 \times 10^5} = 81.8\%$$

问题与练习

1. 在用电器功率为 2.4kW，电源电压为 220V 的电路中，能不能选用熔断电流为 10A 的保险丝？

2. 日常用的电功的单位是 kW·h（俗称度）。1kW·h 等于功率为 1kW 的用电器在 1h 内所消耗的电功。$1kW·h=3.6×10^6J$。电热驱蚊器采用了陶瓷电热元件（PTC），通电后自动维持在适当温度上，使驱蚊药受热挥发。驱蚊器平均功率为 5W，它连续正常工作 10h，消耗多少度电？

3. 额定电压 $U=220V$，电阻 $R=24.2\Omega$ 的一台电热水器，在正常工作时，通过它的电功率有多大？工作时间为 1min 时，所产生的热量是多少？

4. 电线的电阻 $R=1\Omega$，输送的电功率 $P=100kW$。若用 400V 的低压送电，输电线上发热损失的功率是多少？若改用 10kV 的高压送电，损失的功率又是多少？

▶ 7.4 电阻的连接

（1）串联电路的性质及分压作用

在如图 7-6 的串联电路中，把若干个电阻一个接一个不分支地连接起来，使电流只有一条通路，这样的连接方式叫电阻的串联。

① 通过串联电路中各电阻的电流相等。

$$I=I_1=I_2=I_3$$

② 串联电路两端的总电压等于各电阻两端电压之和，即

$$U=U_1+U_2+U_3$$

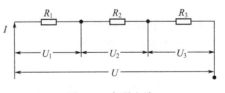

图 7-6 串联电路

③ 串联电路的总电阻等于各串联电阻之和，即

$$R=R_1+R_2+R_3$$

由串联电路的性质，串联电路中各电阻上的电压为

$$U_1=IR_1=\frac{R_1}{R}U$$

$$U_2=IR_2=\frac{R_2}{R}U$$

$$U_3=IR_3=\frac{R_3}{R}U$$

可见，**串联电路中每个电阻上的电压跟它的电阻成正比**。由此可知，电路的总电压按比例分配给了各个电阻，串联电路的这种作用叫**分压作用**。当实际提供的电压大于用电器的额定电压时，若给用电器串联上适当的电阻分担一定的电压，用电器就可正常工作了。

串联电路中，各个电阻上消耗的功率 $P = I^2 R$，由于各电阻上的电流相等，故**串联电路各个电阻消耗的功率与其电阻成正比**。

[**例7-3**]　一个量程为 $U_1 = 10\text{V}$ 的电压表，表的内阻 $R_1 = 5\text{k}\Omega$，今欲用来测量 100V 的电压，应在电压表上串联多大的分压电阻？

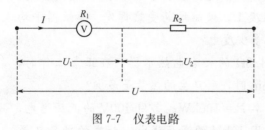

图 7-7　仪表电路

分析：用改装前的电压表去测量超过 10V 的电压，电流将超过允许值，可能损坏电压表，为此可在电压表上串联一个电阻 R_2 来承担超过量程的电压，如图 7-7 所示。

解：R_2 上承担的电压为

$$U_2 = U - U_1 = 100 - 10 = 90\,(\text{V})$$

因为 R_1 与 R_2 串联，故通过各电阻的电流相等，即

$$\frac{U_1}{R_1} = \frac{U_2}{R_2}$$

所以　$R_2 = \dfrac{U_2}{U_1} R_1 = \dfrac{90}{10} \times 5 = 45\ (\text{k}\Omega)$

如图 7-7 所示，原电压表连同串联的电阻 R_2 就可以作为改装后的电压表使用了。改装后的电压表，当指针转到满刻度时，表示被测电压 U 为 100V。

（2）并联电路的性质及分流作用

初中已学过并联电路的性质。在如图 7-8 所示电路中，有以下几个性质。

① 各支路两端的电压相等。

$$U = U_1 = U_2 = U_3$$

② 并联电路中的总电流等于各支路电流之和，即

$$I = I_1 + I_2 + I_3$$

③ 并联电路总电阻的倒数，等于各支路电阻的倒数之和，即

$$\frac{1}{R} = \frac{1}{R_1} + \frac{1}{R_2} + \frac{1}{R_3}$$

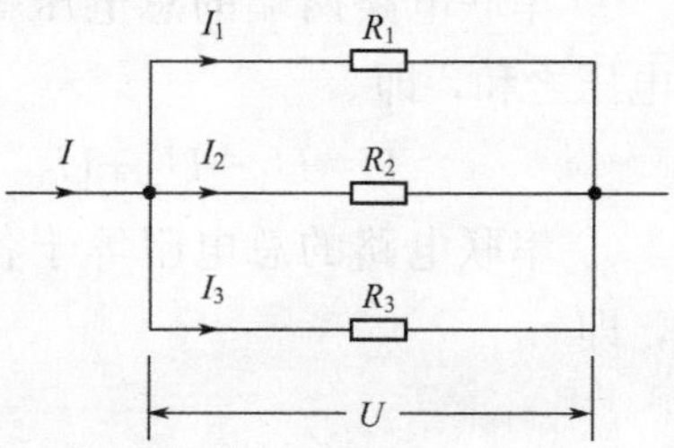

图 7-8　并联电路

当两个电阻并联时，并联后总电阻 $R = \dfrac{R_1 R_2}{R_1 + R_2}$。

由于并联电路的总电流等于各支路电流之和，因此每个支路都有一定的分流作

用。由欧姆定律可知

$$I_1=\frac{U}{R_1},\ I_2=\frac{U}{R_2},\ I_3=\frac{U}{R_3}$$

因为各支路两端的电压相等，所以**并联电路中通过各支路的电流跟它的电阻成反比**。当电路中的电流大于用电器所能允许通过的最大电流，用电器不能直接接入电路时，我们就可以并联若干个适当的分流电阻，使通过用电器的电流在允许范围之内。

并联电路中，各个电阻上消耗的功率 $P=\dfrac{U^2}{R}$，又因各并联电阻上的电压相同，**故并联电路中，各个电阻上消耗的功率与其电阻值成反比**。

[**例7-4**] 一个量程为 150mA，内阻 $R_1=0.2\Omega$ 的毫安表，若要把量程扩大到 450mA，应怎样改装？

分析：为了使流过毫安表的电流不超过允许值，可以并联一个电阻 R_2 到毫安表上，让 R_2 分担超过 150mA 的那部分电流，如图7-9所示。

解：改装后，R_2 应分担的电流为

$$I_2=I-I_1=450-150=300(\mathrm{mA})$$

因为各支路电压相同，所以

$$I_2R_2=I_1R_1$$

故 $R_2=\dfrac{I_1}{I_2}R_1=\dfrac{150\times10^{-3}}{300\times10^{-3}}\times0.2=0.1(\Omega)$

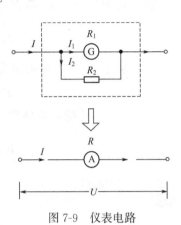

图7-9 仪表电路

经过上述分析计算，原毫安表连同并联上的电阻 R_2 就可以作为改装后的毫安表使用了。

(3) 混联电路

实际电路中，往往既有串联又有并联，这种电路叫**混联电路**。在分析这类电路时，应该首先全面分析电路的结构，找出各电阻间的连接关系，一步步地把电路化简，并作出简明的电路示意图，再按串联和并联的计算方法，求出其总的等效电阻。具体步骤为：

① 找出总电流的输入端和输出端。

② 抓住各电阻公共的连接端点，弄清电路中各电阻的串、并联关系。

③ 并联支路中有电阻串联时，先求串联电阻的等效电阻；串联支路中有电阻并联时，先求并联电阻的等效电阻。

④ 最后求出整个电路的等效电阻（总电阻）。

[**例7-5**] 如图7-10所示，电阻 $R_1=R_3=3\Omega$，$R_2=4\Omega$，$R_4=12\Omega$。求 A、B 之间的等效电阻 R_{AB}。

分析：由图7-10可知，电压加在 A、B 之间，A、B 两端点一个为电流输入端，一个为电流输出端。在这一前提下，R_2 与 R_4 并联，并联后的电阻 R_{24} 与 R_3 串联，

得到的电阻 R_{243} 与 R_1 并联后得到等效电阻 R_{AB}。

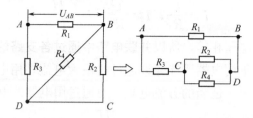

图 7-10　混联电路

解：由图可知，R_2 与 R_4 并联，其电阻为

$$R_{24}=\frac{R_2 R_4}{R_2+R_4}=\frac{4\times 12}{4+12}=3(\Omega)$$

R_{24} 与 R_3 串联，其电阻为

$$R_{243}=R_{24}+R_3=3+3=6(\Omega)$$

R_{243} 与 R_1 并联，其电阻为

$$R_{AB}=\frac{R_1\times R_{243}}{R_1+R_{243}}=\frac{6\times 3}{6+3}=2(\Omega)$$

☺ 物理万花筒

楼梯照明灯的简易设计

搬进新居，车库、套间电源照明等一切正常，只是由车库到套间之间的楼梯照明灯不亮。晚上上下楼感觉很不方便。能不能自己动手安装一个楼梯灯呢？于是，我想起了物理中学习过的楼梯灯开关电路，如图 7-11 所示，需要两只单刀双掷开关，另外还需三条线路。拆开室内照明用的开关，发现它的结构如图 7-12 所示，就是单刀双掷开关。

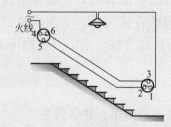

图 7-11　楼梯灯开关电路

图 7-12　单刀双掷开关

有没有更简单的设计呢？我注意到在上述电路中只用到一处电源，而我现在可用的电源应该是两处。要在两处都能控制同一盏灯，就要在两处都能使灯与电源形成闭合电路。于是设计如图 7-13 所示电路。

进行实际接线时务必要注意：不要把火线或零线接到中间的那个接线柱上。

电路原理图（图 7-13）与实际接线图（图 7-14）看起来有较大的差异，实际上原理是相同的。理论联系实际，学以致用，才会达到活学活用。

充分利用两处电源，实际接线如图 7-14 所示。

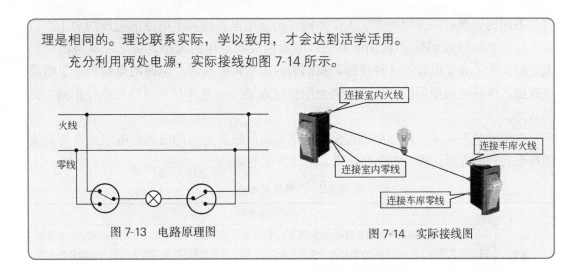

图 7-13　电路原理图　　　　　　　　　　图 7-14　实际接线图

 问题与练习

1.宿舍里有 220V/40W 和 220V/60W 的白炽灯各 1 盏。在正常工作时，通过每盏灯的电流是多少？总电流又是多少？

2.灯泡 A 的额定电压 $U_1=6V$，额定电流 $I_1=0.5A$；灯泡 B 的额定电压 $U_2=5V$，额定电流 $I_2=1A$。现有的电源电压 $U=12V$，如何接入电阻可使用两个灯泡都能正常工作？

3.已知 $R_1=10\Omega$ 和 $R_2=50\Omega$ 的两个电阻串联，测得 R_1 两端的电压 $U_1=20V$，求 R_2 两端的电压 U_2 和整个串联电路的电压 U。

4.如图 7-15 所示的电路中，求 a、b 两端等效电阻 R_{ab}。

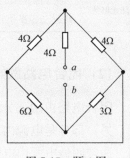

图 7-15　题 4 图

7.5 闭合电路欧姆定律

(1) 电源的电动势

要使导体中有电流通过，就必须在导体两端保持一定的电压。电源就是提供一定电压，把其他形式的能转化为电能的装置。电源有正、负两个极，正极的电势总比负极高。正极用"＋"标示，负极用"－"标示，两极间有一定的电压。把电源的正、负极分别与导体的两端连接，它持续存在的电势差就使得导体中产生持续的电流。

不同的电源，两极间的电压大小不同。不接用电器时，干电池的电压约为 1.5V，蓄电池的电压约为 2V。不接用电器时，电源两极间电压的大小是由电源本身的性质决定的。为了表征电源的这种特性，我们引入**电动势**的概念。**电源的电动势等于电源没有接入电路时两极间的电压**。电动势用符号 E 表示，其单位与电压的单位相同，也是伏特。

电源的种类很多。各种交、直流发电机是输出强大电力的电源，电池是常见的便于携带的直流电源。表 7-2 简单介绍了几种常用电池。

表 7-2　几种常用电池

电池名称	结构及主要用途
干电池	以锌板压成的圆筒外壳做负极，中央炭棒为正极，且不与锌筒接触；炭棒周围有一圈用氯化氢溶液浸透了的炭屑和二氧化锰，筒内其余部分充满氯化氢、氯化锌等化合物；顶部用沥青密封。电动势最大可接近 1.5V。工程技术中可用作各种仪器、仪表、通信设备的直接电源
蓄电池	分酸性和碱性两大类。可反复充电和放电。最常见的是酸性的铅蓄电池，负极是纯铅，正极是二氧化铅，电解液为浓度 20% 的硫酸。在交通工具、信号设备、电话通信及实验室中常作电源，其电动势可达 2.7V
银锌电池	以锌为负极，氧化银为正极，重量轻，寿命长，可用于电子手表、助听器、通信设备、导弹和人造卫星上作电源
标准电池	常见的是汞镉电池，汞为正极，镉为负极，电动势能长期稳定在 1.018636V。绝不允许作为普通电源使用。在工业和实验室中作为电压标准
硅光电池	把光能直接转换为电能的半导体光电器件，具有体积小、重量轻、寿命长等特点。应用于光电检测电路、人造卫星和宇宙飞船之中

（2）闭合电路欧姆定律

闭合电路由两部分组成，一部分是电源外部的电路，叫外电路，包括用电器和导线；另一部分是电源内部的电路，叫内电路。外电路的电阻叫外电阻；内电路也有电阻，通常叫做电源内电阻，简称内阻。在闭合电路中，电源电动势等于外电路电压和内电路电压之和，即

$$E = U_{外} + U_{内}$$

在图 7-16 所示的电路中，虚线框内表示内阻为 r，电动势为 E 的电源。由欧姆定律可知

$$U_{外} = IR，\quad U_{内} = Ir$$

代入 $E = U_{外} + U_{内}$ 得

$$E = IR + Ir$$

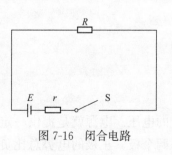

图 7-16　闭合电路

即 $I = \dfrac{E}{R+r}$

上式表明，闭合电路中的电流跟电源的电动势成正比，跟内外电阻之和成反比。这个结论叫闭合电路欧姆定律。

（3）端电压与负载的关系

外电路的电势降落，也就是外电路两端的电压，通常叫做路端电压。电源加在用电器（负载）上的"有效"电压是路端电压。所以研究路端电压和负载的关系具有实际意义。

由闭合电路的欧姆定律 $E=IR+Ir$ 和路端电压 $U=IR$ 知

$$U=E-Ir$$

由此可知路端电压与负载的关系：

① 当负载电阻 R 增大时，电流 I 减小，路端电压增大；反之，当 R 减小时，I 增大，路端电压减小。

② 当外电路断开时，R 趋于无穷大，电流 $I \to 0$，$U \to E$，即电路断开时的路端电压等于电源的电动势，称为**开路电压（断路电压）**。我们常根据这个道理测量电源的电动势：将电压表直接接在电源两极读数即可。

③ 当电源两端短路时，负载电阻 $R \to 0$，路端电压 $U \to IR \to 0$，$I=\dfrac{E}{r}$ 常叫**短路电流**。由于电源内阻一般都很小，所以短路电流会很大，这不仅会烧坏电源，甚至可能引起火灾事故。因此，绝对不允许用导线将电源两端直接接在一起。在生产和生活用电中，防止短路是安全用电的基本要求。为此，在照明线路和工厂的用电线路中都要安装保险装置，以确保安全用电。

（4）闭合电路的功率

将式 $E=U_外+U_内$ 两边同乘以 I，得

$$EI=U_外 I+U_内 I$$

式中，EI 表示电源提供的电功率；$U_内 I$ 表示外电路上消耗的电功率，也叫做电源的输出功率；$U_内 I$ 表示内电路上消耗的功率。可见，电源提供的功率一部分要消耗在内电路上，只有一部分向外电路输出。电源向外电路输出的功率为

$$P=UI=I^2R=\left(\dfrac{E}{R+r}\right)^2 R=\dfrac{E^2}{\dfrac{(R-r)^2}{R}+4r}$$

由于 E 和 r 由电源的结构决定，是常量，所以 P 随 R 变化的曲线如图 7-17 所示。

显然，当 $R=r$ 时，电源的输出功率有最大值

$$P_{max}=\dfrac{E^2}{4r}$$

上式表明，当负载电阻等于电源内阻时，电源的输出功率最大，这时称负载与电源匹配。在电子线路中经常用到匹配的概念。

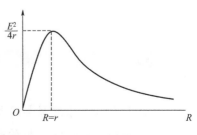

图 7-17 功率曲线

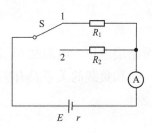

图 7-18 例 7-6 图

[例7-6] 在图7-18中，$R_1=14\Omega$，$R_2=9\Omega$，当电键 S 拨向位置 1 时，测得电流 $I_1=0.2A$。当 S 拨向位置 2 时，测得电流 $I_2=0.3A$，求电源电动势和内电阻。

分析： 在两次测电流时，电源的电动势和内电阻不变，故可根据闭合电、路的欧姆定律列方程求解。

解： 根据闭合电路的欧姆定律，可列出方程

$$E=I_1(R_1+r)$$
$$E=I_2(R_2+r)$$

消去 E，得

$$I_1(R_1+r)=I_2(R_2+r)$$

所以，电源的内电阻为

$$r=\frac{I_1R_1-I_2R_2}{I_2-I_1}=\frac{0.2\times14-0.3\times9}{0.3-0.2}=1 \ (\Omega)$$

电源电动势为

$$E=I_1(R_1+r)=0.2\times(14+1)=3 \ (V)$$

本题给出了测量电源电动势和内阻的一种方法：用一只单刀双掷开关、两个电阻器和一只安培表，连成图7-18所示的闭合电路，便可求出电源电动势和内电阻。用这种方法求出的电动势和内电阻，比直接用电压表测出的精确。

[例7-7] 已知电源电动势 $E=1.5V$，内阻 $r=0.2\Omega$，外电路电阻 $R=2.8\Omega$，求：

(1) 电路中的电流和路端电压；

(2) 电源的输出功率。

分析： 已知电动势和内阻，可根据闭和电路的欧姆定律，求出电流，进而可求出路端电压和电源输出功率。

解： (1) 根据闭和电路的欧姆定律，电路中的电流

$$I=\frac{E}{R+r}=\frac{1.5}{2.8+0.2}=0.5 \ (A)$$

路端电压 $U=E-Ir=1.5-0.5\times0.2=1.4 \ (V)$

(2) 电源的输出功率

$$P=UI=1.4\times0.5=0.7 \ (W)$$

问题与练习

1. 许多人造地球卫星都用太阳能电池（如硅光电池）供电，太阳能电池由很多片电池板组成，某电池板的开路电压是 600V，短路电流是 30mA。求这块电池板的内电阻。

2. 电源的电动势 $E=5\text{V}$，内电阻 $r=0.5\Omega$，外电路的电阻 $R=4.5\Omega$，求电路中的电流 I 和路端电压 U。

3. 现有一电源，当负载电流是 2A 时，输出功率是 10W；当负载电流为 1A 时，输出功率是 5.5W。求该电源的电动势和内阻。

4. 发电机的电动势 $E=240\text{V}$，内电阻 $r=2\Omega$，给 55 个电阻均为 1210Ω 的并联的电灯供电。求：

（1）加在电灯两端上的电压；

（2）每盏灯消耗的功率；

（3）发电机输出的功率和内部消耗的功率。

▶ 7.6 相同电池的连接

用电器在额定电压和额定电流下才能正常工作，而有时候，用电器的额定电压常高于电池的电动势，额定电流也常大于电池允许通过的最大电流。这时，需要把几个电池连成电池组来使用，以提供较大的电压或较大的电流。电池组一般都用电动势和内阻都相同的电池组成。

（1）串联电池组

把几个相同电池如图 7-19 那样连接起来，就构成了串联电池组，第一个电池的正极就是电池组的正极，最后一个电池的负极就是一电池组的负极。

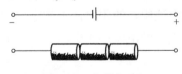

图 7-19 串联电池组

设串联电池组由 n 个电动势都为 E_0、内电阻都为 r 的电池所组成，实验测得，电池组的电动势为

$$E_{串}=nE_0$$

由于电池的内阻也是串联的，故电池组的内阻为

$$r_{串}=nr$$

如果电池组与外电阻 R 构成闭合回路，由闭合电路的欧姆定律可知

$$I_{串}=\frac{nE_0}{R+nr}$$

串联电池组的电动势比单个电池的高，当用电器所需电压高于单个电池的电动势时，就可以使用串联电池组以提高整个电源的电压值。需要指出的是，由于电路的总

电流要通过每一个电池，因此电路中的总电流必须小于单个电池允许通过的最大电流。

（2）并联电池组

把几个相同的电池如图 7-20 所示连接起来，就构成了并联电池组。连在一起的正极就是电池组的正极，连在一起的负极就是电池组的负极。

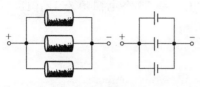

图 7-20　并联电池组

设并联电池组是由 n 个电动势 E_0、内阻为 r 的相同电池组成，根据并联电路的性质可得

$$E_并 = E_0$$

由于电池的内阻也是并联的，所以并联电池组的内阻为

$$r_并 = \frac{r}{n}$$

如果电池组与外电阻 R 构成闭合回路，由闭合电路的欧姆定律可知

$$I_并 = \frac{E_0}{R + \dfrac{r}{n}}$$

并联电池组的电动势虽不高于单个电池的电动势，但每个电池提供了总电流的一部分，整个电池组就可以提供较强的电流。因此，如果需向外输出较大的电流，就可使用并联电池组。在实际应用中，由于外电路电阻 $R \gg r$，故电流的增大是有限的。不过，由于外电路的电流由各个电池共同承担。因此，每个电池承担的电流一般不会超过允许值，电池不易损坏，并且可以延长电池的使用年限。

当用电器的额定电压大于单个电池的电动势、额定电流大于单个电流允许通过的最大电流时，可先把电池串联成电池组，使用电器得到需要的额定电压，再把几个相同的电池组并联起来，使通过每个电池的电流小于电池的允许电流，组成混联电池组供电。

 物理万花筒

废电池为什么还能生"电"

干电池是日常生活中使用最多的一种直流电源。使用过电池的人一定都会有这样的经历：已经用完的了电池放置一段时间后，拿来出使用竟然还有一点电。你有没有想过这是为什么呢？

要想弄清这个问题，我们得先了解一下电池是如何对外供电的。

干电池是一种化学电池，是把化学能转化为电能的一种电源。常见的干电池大多是锌锰电池，也叫碳锌电池。结构如图 7-21 所示，它是把锌做成筒状当负极，做成筒状是为了盛装氯化铵、氯化锌和淀粉组成的糊状电解质。用炭棒做正极，炭棒被二氧化锰、炭粉等去极化混合物包围。

干电池是在电池内部自发地进行氧化、还原化学反应，从而把化学能转化为电能。这两种反应分别在两个电极上进行的。

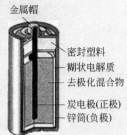

图 7-21 锌锰电池的结构

电池内部在发生化学反应时，会产生氢气，附在炭棒上。而氢气本身的电阻很大。这样就会阻碍电子的移动，从而使电池对外提供的电流大大减小（这种现象叫极化）。所以在干电池中就加入了二氧化锰作为"去极化剂"。但二氧化锰也是一种不良的导体，在电池中加多了二氧化锰，也会影响到它对外提供的电能。于是，在电池中便又加入了导电本领较好的炭粉，一是用来导电，二是用来吸收反应过程中生成的部分气体。

如果电池放电时间较长，产生的这些气体来不及被吸收或扩散，就会在炭棒周围越聚越多，导致电池的电阻非常大，这时整个电池对外供电的能力就开始下降。时间越长，电池的供电能力就越弱，到最后就不能再供电了。

但这时候，电池实际上并不是完全没有电，只是产生的气体阻断了电池内部化学反应。当把这样的电池放置一段时间后，这些气体慢慢散去后，电池内部化学反应又可以继续进行了，于是，这个电池就重新有电了。

生活中，我们遇到电池没电了，也有人会这么做：把电池捏一捏，或者摔两下，用嘴咬一咬，这个电池又能使用一会儿。这种方法其实是借助外力使电池内部的电解质与电极重新接触而发生化学反应，从而继续产生电流。但是，这时电池内部的大部分反应物已经反应完了，只有少量的物质没有反应。所以，即使产生了电流也很小，很微弱。

这样看来，一些废旧的电池之所以能放段时间再生出"电"来，主要是因为电池内部少量的反应物还没有反应完，放置一段时间后，它们又因为能够互相接触发生化学反应，从而产生了一点点的电能来。

问题与练习

1. 电动势为 2V，内阻为 0.04Ω 的 5 个蓄电池串联而成的蓄电池组，与电阻为 25Ω 的外电路接在一起。求

(1) 电路中的电流；

(2) 电池组两端的电压；

(3) 每个蓄电池上的电压。

2. 火车照明用的电池组，由 18 个电动势为 2V、内电阻为 0.01Ω 的蓄电池串联而成。车内有并联电灯 30 盏，每盏灯的电阻都是 60Ω。求

(1) 每盏灯中通过的电流；

(2) 电池组两端的电压。

3.有一批相同的电池，它们的电动势都是 1.5V，允许通过的最大电流都是 2A。问在下列情况下电池应如何连接？

(1) 需要 6V、2A 的电源；

(2) 需要 1.5V、6A 的电源；

(3) 需要 6V、6A 的电源。

本章小结

本章主要学习了电流、电压、电阻、电功、电功率、电动势等有关直流电的基本概念，在此基础上进一步研究了电路的连接及遵循的规律以及直流电知识的应用。

一、基本概念

1.电流

(1) 电流　电荷的定向移动形成电流。习惯上，规定正电荷的运动方向为电流的方向。

(2) 电流强度　电流的强弱用电流强度（简称电流）来表示。

通过导体横截面的电荷量 q 跟通过这些电荷量所用的时间 t 的比值称为电流。用公式表示为

$$I = \frac{q}{t}$$

电流是标量。

2.电阻

(1) 电阻　电阻是导体本身的一种性质，它的大小决定于导体本身的因素。

(2) 电阻定律　在一定温度下，导体的电阻 R 跟它的长度 L 成正比，跟它的横截面积 S 成反比。即

$$R = \rho \frac{L}{S}$$

式中的比例常数叫做材料的电阻率，它反映了材料的导电性能。

3.电功和电功率

(1) 电功　在一段电路上所做的功等于这段电路两端的电压 U、电路中的电流 I 和通电时间 t 三者的乘积，即

$$W = qU = UIt$$

(2) 电功率　单位时间内电流所做的功叫电功率。则

$$P = \frac{W}{t} = UI$$

即一段电路上的电功率等于这段电路两端的电压 U 和电路中电流 I 的乘积。

（3）热功率　单位时间内发热的功率，通常称为热功率，热功率 P 为

$$P = I^2 R$$

在纯电阻电路中，电功率与热功率相等。

如果不是纯电阻电路，那么电能除一部分转化为内能外，还有一部分要转化为机械能、化学能等其他形式的能，则电功大于电阻上的热量，电功率大于热功率。

4.电动势　电源的电动势等于电源没有接入电路时两极间的电压。

二、欧姆定律

1.部分电路的欧姆定律

导体中的电流与导体两端的电压成正比，跟导体的电阻成反比，即

$$I = \frac{U}{R} \quad 或 \quad U = IR$$

2.闭合电路欧姆定律

闭合电路中的电流跟电源的电动势成正比，跟内外电阻之和成反比，即

$$I = \frac{E}{R + r}$$

三、电路的连接

1.电阻的连接

（1）串联电路

① 通过串联电路中各电阻的电流相等。

② 串联电路两端的总电压等于各电阻两端电压之和，即

$$U = U_1 + U_2 + U_3$$

③ 串联电路的总电阻等于各串联电阻之和，即

$$R = R_1 + R_2 + R_3$$

串联电路具有分压作用，串联电路中每个电阻上的电压跟它的电阻成正比，即

$$U_1 = IR_1 = \frac{R_1}{R}U; \quad U_2 = IR_2 = \frac{R_2}{R}U; \quad U_3 = IR_3 = \frac{R_3}{R}U$$

（2）并联电路

① 各支路两端的电压相等。

② 并联电路中的总电流等于各支路电流之和：

$$I = I_1 + I_2 + I_3$$

③ 并联电路总电阻的倒数等于各支路电阻的倒数之和：

$$\frac{1}{R} = \frac{1}{R_1} + \frac{1}{R_2} + \frac{1}{R_3}$$

并联电路具有分流作用，并联电路中通过各支路的电流跟它的电阻成反比：

$$I_1 = \frac{U}{R_1}, \quad I_2 = \frac{U}{R_2}, \quad I_3 = \frac{U}{R_3}$$

2.相同电池的连接

（1）串联电池组

串联电池组的电动势为 $\qquad\qquad E_{串}=nE_0$

串联电池组的内阻为 $\qquad\qquad r_{串}=nr$

（2）并联电池组

并联电池组的电动势为 $\qquad\qquad E_{并}=E_0$

并联电池组的内阻为 $\qquad\qquad r_{并}=\dfrac{r}{n}$

串联电池组可以增大整个电源的电动势，并联电池组可以增大总电流。

课后达标检测

一、选择题

1.关于电场，下列说法不正确的是（ ）。

A.沿电场强度的方向，电场必定逐渐增强

B.沿电场强度的方向，电荷上受到的电场力不一定越来越大

C.沿电场线的方向.电势必定处处降低

D.在点电荷的电场中，到点电荷距离相同的各点的电场强度大小相等

2.两个电容器的电容分别是 C_1、C_2，它们所带电荷量分别是 Q_1、Q_2，两极板间的电压分别是 U_1、U_2，下列说法正确的是（ ）。

A.如果 $C_1=C_2$，则 $U_1>U_2$ 时，$Q_1>Q_2$

B.如果 $Q_1=Q_2$，则 $U_1>U_2$ 时，$C_1>C_2$

C.如果 $U_1=U_2$，则 $Q_1>Q_2$ 时，$C_1<C_2$

D.上述判断都不对

3.有 a、b、c、d 四只电阻，它们的 I-U 图像如图 7-22 所示，则图中电阻最大的是（ ）

A. a　　　　　　B. b　　　　　　C. c　　　　　　D. d

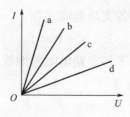

图 7-22　题 3 图

4.一个电炉和一个电灯并联后，电灯变暗，这是因为（ ）。

A.电炉从电灯电路里分出了大量电流

B. 路端电压被电炉分掉了一部分

C. 总电流增加，电源内电路和输电线路上的电压增加

D. 总电阻减小，电源的路端电压减小

5. 关于闭合电路，下列说法正确的是（　　）。

A. 电源的总电流越大，路端电压越小

B. 电源短路时，内电压等于电源电动势

C. 用电器增加，路端电压一定增加

D. 用电器增加，电源输出功率一定增加

6. 两个阻值不为零的电阻并联，则（　　）。

A. 总电阻总小于每一个电阻

B. 总电阻总大于每一个电阻

C. 总电阻有可能等于其中一个电阻

D. 总电阻可能比其中一个电阻大，比另一个电阻小

7. 电路里的电流为 0.5A，半分钟通过导体横截面的电量是（　　）

A. 25C   B. 15C   C. 30C   D. 300C

8. 有一个标有 "220V　40W" 的灯泡，下面的说法中哪种正确（　　）。

A. 正常工作时的电流是 5.5A   B. 电阻是 1210Ω

C. 只要通电，电功率就是 40W   D. 只要通电，电压就是 220V

9. 电阻 R_1 与 R_2 并联时消耗功率之比为 4:3。若将它们串接起来，接在电压相同的同一电路上，则 R_1 与 R_2 消耗的电功率之比是（　　）

A. 4:3   B. 3:4   C. 16:9   D. 9:16

二、填空题

1. 在真空中有两个点电荷，其中一个电荷的电荷量是另一个的 4 倍，当它们相距 0.05m 时，相互斥力为 1.6N；则当它们相距 0.1m，时，相互斥力为 _____ N。这两个点电荷的电荷量分别为 _____ C 和 _____ C。

2. 沿着电场线的方向电势逐点 _____；正电荷只在电场力作用下，由静止开始运动，将由电势较 _____ 处向电势较 _____ 处移动。

3. 在真空中，两个异种电荷所带的电量均为 q，相距 r，则两电荷连线中点处的场强大小为 _____。

4. 一根镍铬合金丝的两端加 8V 电压，通过它的电流是 2A，它的电阻值是 _____；如果通电时间为 50s，那么有 _____ C 的电荷量通过它。如果在它两端加 4V 电压，这合金丝的电阻是 _____。

5. 电源的作用是把其他形式的能转化为 _____ 能，但电源不能把转化的全部电能供给外电路，一部分要消耗在 _____ 上转化为内能。

6. 扩大电流表的量程是在电流表上 _____ 联一个电阻，该电阻起 _____ 作用。

7. 有甲、乙两根电阻丝，它们的材料和质量都相同，甲的长度是乙的长度的 2

倍，则甲的电阻是乙电阻的_____倍。

8.甲、乙两个电炉，甲的电阻是乙的 0.5 倍，甲电炉电压是乙电炉电压的 2 倍，在相同的时间内，甲、乙两电炉生产的热量之比为_____。

9.把 5Ω 和 10Ω 的两个电阻串联起来，在其两端加上 1.5V 的电压，则 5Ω 的电阻消耗的功率是_____W；若把它们并联，并让其消耗的总功率不变，则在它们两端应加_____V 的电压。

三、计算题

1.如图 7-23 中，A、B 两电池的电动势各为 2V，内电阻各为 0.1Ω，R 的电阻值为 0.9Ω。求通过 R 的电流 I 和 R 两端的电压 U。

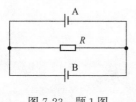

图 7-23　题 1 图

2.某电热煮水器有两根电阻丝，其中一根通电时，电热煮水器里的水经 15min 沸腾。如果把两根电阻丝：（1）串联；（2）并联。那么通电后要经多长时间水才会沸腾？（假如电路上的电压不变）

3.一台内阻为 2Ω 的电风扇，工作电压为 220V，工作电流为 0.5A，求：

（1）电风扇从电源吸收的电功率；

（2）电风扇的热功率；

（3）电能转化为机械能的效率。

4.一个额定电压为 110V，功率为 500W 的电热器（设其阻值不变），接在 110V 的线路上，求：

（1）电热器的电阻；

（2）通过电热器的电流强度；

（3）若线路电压降到 100V，电热器的实际功率为多大？

5.某电流表可测量的最大电流是 10mA。已知一个电阻两端的电压是 8V 时，通过它的电流是 2mA。如果给这个电阻加上 50V 的电压，能否用这只电流表测量通过这个电阻的电流？应采取何种措施？

6.如图 7-24 所示，电源电动势 $E=2$V、内阻 $r=0.1Ω$，$R=1.9Ω$，电流表、电压表对电路的影响不计，且两电表不被烧毁。问：

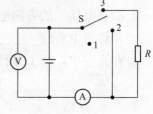

图 7-24　题 6 图

（1）当开关 S 接到"1"挡时，电流表和电压表的示数分别为多少？

（2）当开关 S 接到"2"挡时，电流表和电压表的示数分别为多少？

（3）当开关 S 接到"3"挡时，电阻 R 上消耗的功率为多少？电源输出的功率为多少？

第 **8** 章

磁 场

我国是对磁现象认识最早的国家之一，公元前 4 世纪左右成书的《管子》中，就有"上有慈石者，其下有铜金"的记载，在其后的《吕氏春秋》中也可以找到类似的记述："慈石召铁，或引之也"。国人还根据磁体的指向性，制造了指向的工具——司南，东汉王充在《论衡》中记有"司南之杓，投之于地，其柢（勺的长柄）指南"。北宋时代（公元 11 世纪），沈括在他的《梦溪笔谈》中明确记载了指南针的制造方法和应用。指南针是我国的四大发明之一。

磁现象和电现象一样，很早就被人们发现了，但却一直被视为两种独立的现象。直到 1820 年奥斯特发现了电流的磁效应后，人们才认识到电和磁之间的密切关系。随着人们对其认识的深入，电磁理论发展十分迅速，现在已广泛地应用于生产、科研的各个领域。

▶ 8.1 磁场和磁感应线

（1）磁场

初中物理中已经介绍过，一些物体能吸引铁、钴、镍等物质，这一性质人们称之为磁性，具有磁性的物体叫**磁体**。天然存在的磁体（俗称吸铁石）叫做天然磁体，现在常见的各种磁体几乎都是人造的，人造磁体有条形、蹄形和针形等。

磁体各部分的磁性强弱不同，磁性最强的地方叫**磁极**。它的位置在磁体的两端。

任何磁体都具有两个磁极，而且无论怎样把磁体分割，它总是保持两个磁极。磁体具有指向性，自由转动的小磁针在静止时，总有一端大致指南，另一端大致指北。习惯上把指南的极叫**南极**，用 S 表示；指北的极叫**北极**，用 N 表示。磁极之间有相互作用，其作用规律与电荷之间的相互作用类似：**同名磁极互相排斥，异名磁极相互吸引**。

在静电学中曾介绍过，两个电荷之间的相互作用是通过一种特殊的物质——电场传递的，与此类似，磁体之间的相互作用也是通过磁场传递的。在磁体周围存在着一种特殊的物质，叫做**磁场**。

（2）磁场的方向、磁感应线

将一些可自由转动的小磁针放在磁体周围，小磁针在磁场的作用下将发生偏转。N 极的指向各有不同，如图 8-1 所示，这说明磁场是有方向性的。习惯上规定：放在磁场中某一点的可以自由转动的小磁针，它静止时 N 极（北极）所指的方向即为该点磁场的方向。

在研究电场时，为形象描述电场分布，曾引入电场线的概念。同样，研究磁场时也可利用一种假想的曲线——磁感应线来描述磁场。在磁场中画出一系列带箭头的曲线，使这些曲线上任一点的切线方向都和该点的磁场方向相同，这样的曲线就叫做**磁感应线**，简称**磁感线**，如图 8-2 所示。

图 8-1　磁场的方向

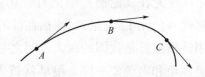

图 8-2　磁感线

磁感线不仅可以描述磁场的方向，还可以表示磁场的强弱。从常见磁体的磁感线分布，如图 8-3 所示，从图中可以看出，磁极附近磁场强，磁感线密；离磁极远处磁场弱，磁感线疏。在磁体外部，磁感线是从 N 极指向 S 极；在磁体内部，磁感线是从 S 极指向 N 极，磁感线是闭合曲线。此外，磁场中任意两条磁感线都不会相交。

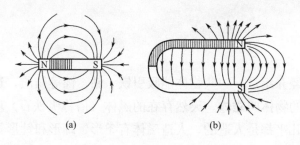

(a)　　　　　　　　　　　(b)

图 8-3　常见磁体的磁感线分布

磁感线和电场线一样，都是理想化的物理模型，实际上并不存在。

（3）电流的磁效应

1820 年，丹麦物理学家奥斯特（1777—1851）偶然发现一条导线通电时，附近的小磁针发生了偏转，如图 8-4 所示。这一实验揭开了电和磁之间的神秘面纱，使人们认识到了电和磁之间密切的关系。这说明不仅磁体可以产生磁场，电流也可以产生磁场。电流产生磁场的现象叫做**电流的磁效应**。

在奥斯特实验公之于众后，法国物理学家安培（1775—1836）对电流的磁效应作了进一步的研究，结果发现电流磁场的磁感线都是环绕电流的闭合曲线。对于直线电流，磁感线在垂直于导体的平面内，是一系列的同心圆，如图 8-5 所示。电流和磁感线的方向服从**右手螺旋定则：对直线电流而言，用右手握住直导线，让大拇指指向电流方向，则弯曲的四指所指的方向就是磁感线的方向。对环形电流而言，用右手握住圆环，让弯曲的四指指向电流方向，则与四指垂直的大拇指所指的方向，就是圆环内磁感线的方向**，如图 8-6 所示。

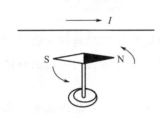

图 8-4　电流的磁效应

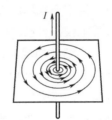

图 8-5　直线电流的磁场

通电螺线管可看成是多个环形电流串联而成的，其磁场方向也可以用右手定则确定。由图 8-7 可见，通电螺线管周围的磁场与条形磁体的磁场相似，磁感线的形状也相似。

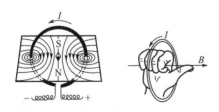

图 8-6　环形电流的磁场

图 8-7　螺线管的磁场

与天然磁铁相比，电流磁场的强弱和有无易于调节和控制，因此在实践中有着广泛的应用。电动机、发电机、电磁起重机、回旋加速器、磁悬浮列车等，都离不开电流的磁场。

物理万花筒

动物罗盘

1. 鸽子是人们喜爱的一种鸟类。大家都知道信鸽具有卓越的航行本领，它能从2000km以外的地方飞回家里。实验证明，如果把一块小磁铁绑在鸽子身上，它就会惊慌失措，立即失去定向的能力，而把铜板绑在鸽子身上，却看不出对它有什么影响。当发生强烈磁暴的时候，或者飞到强大无线电发射台附近，鸽子也会失去定向的能力。这些事实充分说明了，鸽子是靠地磁场来导航的。

2. 绿海龟是著名的航海能手。每到春季产卵时，它们就从巴西沿海向坐落在南大西洋的沧海——森松岛游去。这座小岛全长只有几千米，距非洲大陆1600km，距巴西2200km。但是，海龟却能准确无误地远航到达。产卵后，夏初季节，它们又渡海而归，踏上返回巴西的征途。距研究，海龟也是利用地磁场进行导航的。

3. 鱼儿能在波涛汹涌的海洋中按一定的方向去导航。这比鸟的迁途能力更为奇特。海水是导电的，当它在地球的磁场流动的时候就产生电流。于是，鱼儿便利用这个电流信号，敏感地校正自己的航行方向。

有人对鳗鲡进行了细致的观察，初步发现，鱼脑能对微弱的电磁场做出反映，地磁场是对鳗鲡提供信息源。因此，美洲的鳗鲡习惯于航行很长的距离后到达产卵场所，产卵后又返回它们原来的"基地"。

虽然人们已经知道鸟类、鱼类等动物能够利用地磁导航，但是还没有弄清楚这个"导航系统"究竟是怎样工作的，特别是迄今为止还没有从这些动物身上找到与"罗盘"的作用相似的器官。

1991年《新闻晚报》报道一则消息："上海的信鸽从内蒙古放飞，历经20余天，返回上海市区鸽巢。信鸽这种惊人的远距离辨认方向的本领，实在令人称奇。"人们对信鸽有高超的认识本领提出了如下猜想：

A. 信鸽对地形地貌有超强的记忆力；

B. 信鸽能发射并能接收某种超声波；

C. 信鸽能发射并能接收某种次声波；

D. 信鸽体内有磁性物质，它能借助地磁场辨别方向。

那么信鸽究竟靠什么辨别方向呢？科学家们曾做过一个实验：把几百只训练有素的信鸽分成两组，在一组信鸽的翅膀下各缚一块小铁块，而在另一组信鸽的翅膀下各缚一块大小相同的铜块，然后把它们带到离鸽舍一定距离的地方放飞，结果绝大部分缚铜块的信鸽都能飞回到鸽舍，而缚着铁块的信鸽却全部飞散了。

（1）科学家的实验结果支持上述哪个猜想？＿＿＿＿＿＿＿＿（填字母）

（2）缚铜块的信鸽能从很远的陌生地方飞回鸽巢是因为铜＿＿＿＿＿＿＿磁性物质。

问题与练习

1.什么是磁场？如何检查磁场的存在？

2.试判断图 8-8 中通电螺线管的 N 极和 S 极。

3.在图 8-9 中，当电流通过环形导线时，磁针的 N 极指向纸外。试确定导线中通以电流的方向。

图 8-8　题 2 图

图 8-9　题 3 图

4.在如图 8-10 所示电流的磁场中，分别标出每只小磁针的极性。

5.试确定图 8-11 中电源的极性。

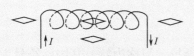

图 8-10　题 4 图

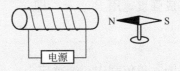

图 8-11　题 5 图

► 8.2　磁感应强度和磁通量

（1）磁感应强度

磁场不仅有方向性，而且有强弱的不同。巨大的电磁铁，能够吸起成吨的钢铁，而小磁针只能吸起铁屑。那么，应如何表示它们磁场的强弱呢？

在研究电场强弱时，我们从分析电场对电荷的作用着手，定义了描述电场强弱的物理量——电场强度。类似地，磁场的主要性质是对电流有力的作用。因此，可以根据电流所受到的磁场力的情况来表示磁场的强弱。磁场对电流的作用力，可用图 8-12 所示的装置来研究。

实验发现，导线在磁场中通电时发生了运动。这表明通电导线在磁场中受到了力的作用。磁场对电流的作用力习惯上叫安培力。更精确的实验发现，当通电导线跟磁场方向平行时，磁场对导线的作用力为零；当二者垂直时，作用力最大；当二者成其他角度时，作用力在零和最大值之间。为简单起见，先研究导线与磁场相互垂直时，

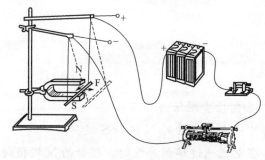

图 8-12　磁场对电流的作用

决定安培力的因素。

实验表明，则当导线长度 L 不变时，导线所受安培力 F 与电流强度 I 成正比；当电流强度 I 一定时，导线所受安培力 F 与导线的长度 L 成正比。即通电导线所受安培力与 I、L 的乘积成正比。其比值 F/IL 的大小在磁场的同一位置总是不变的，在不同的磁场中，或同一磁场的不同地点，比值一般不同。比值大处，说明一定长度的电流所受到的安培力 F 大，即磁场强；比值小处，表示同一电流所受到的安培力小，即磁场弱。所以，这个比值能表示磁场的强弱。**在磁场中，垂直磁场方向通电导线所受到的安培力 F 跟电流强度 I 和导线长度 L 的乘积 IL 的比值，称为导线所在处的磁感应强度**，用 B 表示，即

$$B = \frac{F}{IL}$$

在国际单位制中，磁感应强度 B 的单位是特斯拉，简称为特，其国际符号为 T。

$$1T = 1N/(A \cdot m)$$

地球磁场在地面附近的磁感应强度约为 $5 \times 10^{-5}T$；永久磁铁两极附近的磁感应强度大约为 $0.4 \sim 0.7T$；在电机和变压器的铁芯中，磁感应强度可达到 $0.8 \sim 1.4T$，超导磁体产生的磁场可高达十几个特斯拉。

磁感应强度是矢量，它的方向就是该点的磁场方向。

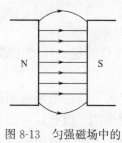

图 8-13　匀强磁场中的
磁感线分布

与电场线类似，磁感线的疏密也可以表示磁场的强弱。磁感应强度大的地方，磁感线就密集；磁感应强度小的地方，磁感线就稀疏。如果在某一场区内，磁感应强度的大小和方向都相同，则该场区的磁场叫**匀强磁场**。匀强磁场的磁感线相互平行，且疏密均匀。匀强磁场在生产和科研中有着非常广泛的应用。距离很近的两个异名磁极之间的磁场，如图 8-13 所示。长直通电螺线管内部的磁场，除边缘外，都可近似视为匀强磁场。

（2）磁通量

用磁感线的疏密可以直观地表示磁场的强弱，但疏密是相对的。为使磁感线能定量地表示磁感应强度的大小，物理学中规定：在垂直于磁场方向的单位面积（$1m^2$）

上，磁感线的条数跟该面积处的磁感应强度数值相等。这样，通过某一个面的磁感线条数多，该处磁场强；通过该面的磁感线条数少，磁场就弱。因此，也可以用通过某面的磁感线条数来表示磁场的强弱。穿过某一面积的磁感线条数，叫做穿过该面积的**磁通量**，简称**磁通**，用 Φ 表示。

对匀强磁场而言，通过垂直磁场的某一平面的磁通量为

$$\Phi = BS$$

磁通量是标量，在国际单位制中的单位是韦伯，简称韦，其国际符号为 Wb。

$$1\text{Wb} = 1\text{T} \cdot \text{m}^2$$

如果所研究的平面 S 跟磁场方向不垂直，可以作出它在垂直于磁场方向上的投影平面 S'。由图 8-14 可以看出，穿过 S 和穿过 S' 的磁通量相等，所以有 $\Phi = BS'$。又因为 $S' = S\cos\alpha$，故有

$$\Phi = BS\cos\alpha$$

上式中，α 为所研究的平面 S 跟它在垂直于磁场方向的投影平面 S' 间的夹角。显然，当 $\alpha = 0°$ 时，$\Phi = BS\cos0° = BS$。所以 $\Phi = BS$ 可看作是 $\Phi = BS\cos\alpha$ 的特殊情况。

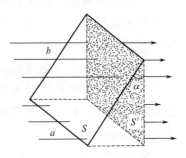

图 8-14 通过一般平面的磁通量

物理万花筒

人类离不开磁

自从人类发现磁现象，磁就开始为人类的生产与生活服务。最早发现并应用磁现象的就是我们的祖先，指南针的发明和使用，改写了人类文明的进程；秦始皇时代，在皇宫大门安装强磁铁，以吸住身藏铁质利器的刺客，可算将磁用于防止恐怖袭击的先例。古代中医将磁石作为中药，用于防病治病，就是最早的磁疗手段。用磁产生电流——电磁感应的发现和应用，则使人类文明进入电气时代和信息时代。

地磁是地球的守护神

在宇宙空间，每时每刻都有大量的带电粒子流射向地球，这些带电粒子流被称为宇宙射线。强度较大的宇宙射线，若射到地球，会影响磁导航仪器的正常工作，会使无线电通信中断，会影响电器电路的正常工作，也会影响动植物的正常生长和人类的生理活动。长期的宇宙射线辐射，会使地球生物变异。

好在地球是一个大磁体，这个磁体的磁场使地球有了防止宇宙射线侵袭的"金钟罩""铁布衫"。当宇宙射线来袭时，地磁场使射向地球表面的宇宙射线偏向地球两极，由于地球两极附近地磁较强，粒子被限制在地球两极间游荡，无法到达地面。被约束的宇宙射线，在两极附近，发出美丽的极光，向人类宣示它的到来。

假如地球的磁场消失，来自宇宙的高强度射线会毫无阻拦地来到地球表面，给地球人的生产生活造成灾难。由于人类长期以来已经适应了在地球磁场中生活，地磁的消失或变化必然也会影响人类的健康状况。

地磁与人类的睡眠

人生存在地球上，各种生理功能自然要受到磁场的影响，根据医学专家的研究，人南北向睡觉，能使人的主要经络、血管的走向和地球磁场的方向平行（因为人的主要经络和血管为上下走向），便于气血的流动运行，从而使睡眠安谧香甜。而头朝东脚朝西或脚朝东头朝西的睡姿，人体的主要经络、血管则与磁力线垂直相切割，不但不利气血通畅运行，还会因电磁感应产生较强的生物电，干扰人的生理功能，容易引起人的情绪焦躁不安，睡眠变得不安稳，医学家指出，最佳睡眠方向是头朝北，脚朝南，和磁力线由北极到南极的方向相一致，这样有利于气血的运行。

国外一些高级旅馆，南北向的床位要比东西向的床位收费贵。在中国，目前对这一问题还没有引起建筑设计师们和旅馆经营者们的足够重视，大城市的房屋设计不是正南正北方向，五花八门，随意性很大，这不利于居住者的健康。古人建房很讲究方位问题，要用罗盘定位，俗称"看风水"，是有科学道理的。

用磁导航与定向

指南针，因能指示南北方向，中国古称"司南"。民间风水先生称为"罗盘"。它的结构极其简单，就是一个水平放置的可以自由灵活地在水平面转动的小磁针。中国古代一般将小磁针做成勺状，放在光滑的铜盘子里。使用时，将盘子水平放置，将勺子放在盘子中央，静止时勺把的朝向就是南方。由于地磁的南、北极与地球的北、南及并不重合，有一定的偏角（称磁偏角），这在中国古代的罗盘中也有体现。

指南针就是人类最早的定向仪器，有了它人们才茫茫旅途而不迷失方向，有了它才有了郑和下西洋、哥伦布发现新大陆的壮举。

候鸟迁徙、海洋动物的洄游，靠的也是磁场定位。这些动物在千百年的进化中，体内有了类似指南针功能的功能区，具有了一种特殊的感觉——磁觉。它们依靠磁觉记忆，寻找目的地，确定行动路线。

用磁记录信息

现代人们使用的手机、MP系列、电脑U盘等信息存贮设备，不足方寸芯片，可储海量信息，不但存储、读取、转移方便快捷，而且不失真。这都是磁的功劳，是人们利用某些材料的"巨磁效应"制作的。所谓"巨磁效应"，是指某些物质的电阻会随所处环境磁场的微小变化而灵敏地变化。在"巨磁效应"未被发现和应用之前，人们使用的磁带录音、录影则是利用由影音信号转化的电流产生的磁场，将磁带磁化，用磁记录下影音信号。播放时，则是利用磁带上的磁场，在线圈中感应出电流信号，这也是利用磁记录和读取信息。

银行存折、卡上的磁条区，就是用磁记录和读取账户信息的区域。

问题与练习

1. 有人根据 $B = F/(IL)$ 提出，磁场中某点磁感应强度 B 与磁场力 F 成正比，与电流强度 I 和导线长度 L 的乘积 IL 成反比。这种说法对不对，为什么？

2. 在一磁感应强度为 2.5T 的匀强磁场中，有一个 $1m^2$ 的平面。若平面垂直磁场，则穿过平面的磁通量是多少？若平面与磁场平行，穿过平面的磁通量又是多少？

3. 把一根 10cm 的导线，放入匀强磁场中，它的方向和磁场的方向垂直。如果导线中通过的电流是 3A，它所受到的作用力是 1.5×10^{-3}N。磁场的磁感应强度是多少？

4. 一电磁铁铁芯横截面积为 $10cm^2$，已知垂直通过此面积的磁通量为 8×10^{-4}Wb，求铁芯内的磁感应强度。

▶ 8.3 磁场对通电直导线的作用

（1）安培定律

根据磁感应强度的定义式 $B = F/(IL)$ 可知，磁场对通电导线的作用力可用下式计算，即

$$F = BIL$$

但需指出的是，上式只有在匀强磁场中且电流方向垂直于磁场方向时才适用。垂直于磁场方向的通电导线所受到的磁场作用力，等于导线中的电流强度、导线的长度和磁场的磁感应强度三者的乘积。

如果电流方向不跟磁场方向垂直，而跟磁场方向成任意角度，则可把 B 分解成跟导线平行的 $B_{//}$ 和跟导线垂直的 $B_{\perp}$，如图 8-15 所示。因只有 $B_{\perp}$ 使导线

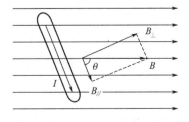

图 8-15 磁感应强度的分解

受到磁场的作用，故可用 $B_\perp$ 代替 B 计算安培力。因为 $B_\perp = B\sin\theta$，所以

$$F = BIL\sin\theta$$

上式表明，**安培力的大小等于电流强度 I、导线长度 L、磁感强度 B 以及 I 和 B 的夹角 θ 的正弦的乘积**，这个结论称为**安培定律**。

显然当 $\theta = 90°$ 时，安培力最大；当 $\theta = 0°$ 时，即导线跟磁场方向平行时，安培力是零。

在国际单位制中，安培定律中各物理的单位分别是 N、T、A、m。

（2）安培力的方向

安培定律给出了安培力的大小，但安培力的方向又如何确定呢？实验表明，电流所受到的安培力的方向总是跟磁场、电流两者的方向垂直，即总是垂直于磁感线和通电导线所决定的平面。安培力的方向可以利用左手定则来判定：**伸开左手，使大拇指跟其余四指垂直，且在一个平面内，让磁感线垂直穿入手心，使四指指向电流的方向，那么大拇指所指的方向，就是通电导线所受安培力的方向。** 如图

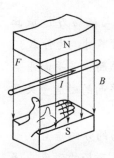

图 8-16　左手定则

8-16 所示。如果通电导线跟磁场方向不垂直，可把 B 分解成跟导线平行的 $B_\parallel$ 和跟导线垂直的 $B_\perp$，如图 8-15 所示。因为只有 $B_\perp$ 使导线受到力的作用，所以可用 $B_\perp$ 代替 B 应用左手定则判断导线所受安培力的方向。

（3）磁力矩

磁场对通电直导线有作用力，那么，磁场对通电的平面线圈有怎样的作用呢？为简单起见，只介绍匀强磁场对通电平面线圈的作用。图 8-17 表示一个放在匀强磁场中的通电矩形单匝线圈，ab 长为 l_1，ad 长为 l_2，线圈平面跟磁场方向成 θ 角。线圈顶边 ad 和底边 cb 所受的安培力大小相等、方向相反，作用在轴线方向上，所以其合力为零。ab 和 cd 边跟磁感线垂直，它们所受的安培力 F_{ab}、F_{cd} 大小相等，方向相反，但不在一条直线上，因而要产生力矩，使线圈绕 OO' 轴转动。

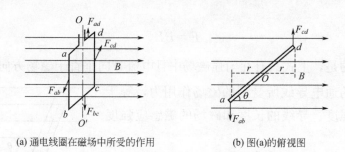

(a) 通电线圈在磁场中所受的作用　　　　(b) 图(a)的俯视图

图 8-17　磁场对通电平面线圈的作用

F_{ab} 和 F_{cd} 对 OO' 轴的力矩分别为

$$M_1 = M_2 = F_{ab}r = BIl_1\frac{l_2}{2}\cos\theta$$

式中 l_1 和 l_2 为线圈面积，用 S 表示，合力矩 $M = M_1 + M_2$，则

$$M = BIS\cos\theta$$

若线圈为 N 匝，则有

$$M = NBIS\cos\theta$$

由上式可知，当线圈平面跟磁场方向平行时，线圈所受磁力矩最大，为 $M = NBIS$；当线圈平面跟磁场方向垂直时，线圈所受磁力矩为零。

[例 8-1]　有一个面积为 $10cm^2$ 的矩形线圈共 100 匝，放在磁感应强度为 $2 \times 10^{-2}T$ 的匀强磁场中，并通入 5A 的电流，求它所受的最大磁力矩。

分析：通电线圈在磁场中，只有当线圈平面跟磁场方向平行时，线圈所受磁力矩才最大。

解：由公式可知 $M = NBIS\cos\theta$，得

$$M = 100 \times 2 \times 10^{-2} \times 5 \times 10 \times 10^{-4} = 10^{-2} \text{（N·m）}$$

通电线圈在磁场中受到力矩作用，在现实中有许多实际的应用，如电动机、磁电式电表等。下面我们就介绍一下直流电动机的原理。

（4）直流电动机

电动机是将电能转化为机械能的装置，它是根据通电线圈在磁场中受磁力矩转动的原理制成的。用直流电源供给电能的电动机，叫直流电动机。

由图 8-17 可知，通电线圈 $abcd$ 在磁场中受磁力矩作用发生转动，转动到线圈平面与磁场垂直时，线圈所受力矩为零，该位置为线圈的平衡位置。当线圈转过平衡位置时，线圈所受力矩刚好与前相反，此时线圈受反方向的力矩作用而使转动减速，继而向反方向转动……这样一来，线圈只能在平衡位置附近摆动，而无法继续转动下去。我们为直流电动机安装换向器，使线圈因惯性转过平衡位置时立即改变电流方向，这样线圈所受力矩总是同一方向的，从而能持续转动下去。

图 8-18 是直流电动机的原理图。线圈 $abcd$ 和换向器 E、F 都装在转动轴上。换向器是两个铜制的半环，它们彼此绝缘，也与转动轴绝缘。A、B 是两个电刷，它们跟换向器接触，使电源和线圈组成闭合回路。电流是由直流电源经过电刷、换向器流入线圈的。

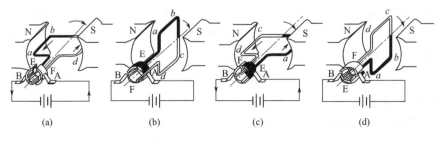

(a)　　　　(b)　　　　(c)　　　　(d)

图 8-18　直流电动机原理图

线圈在图（a）所示位置，换向器的半环 E 跟电刷 B 接触、半环 F 和电刷 A 接触，线圈中的电流从 F 流向 E。根据左手定则可知，这时线圈沿着顺时针方向转动。当线圈转到平衡位置图（b）时，两电刷恰好接触两半环间的绝缘部分。线圈由于惯性稍微转过平衡位置，这时两个半环接触的电刷就调换了，就成半环 F 跟电刷 B 接触、半环 E 跟电刷 A 接触，线圈中的电流也就变成从 E 流向 F，于是线圈继续沿顺时针方向转动，如图（c）所示。这样，每当线圈稍微转过平衡位置时，换向器就自动改变线圈中电流的方向，线圈也就能不停地转动下去了。

实际的直流电动机，为能带动负载平稳地运转，线圈有很多匝，且嵌在圆柱形铁芯上，组成转子，换向器也由许多铜片组成。直流电动机的转速容易控制，启动时又能克服很大的阻碍作用，因此广泛地应用在录像机、录音机、电车、电力机车及轧钢机等上面。

😀 物理万花筒

让列车飞

汽车越来越堵，火车越来越挤，飞机经常晚点，还受天气所限⋯⋯对于快节奏的现代社会，交通渐渐成为制约其发展的瓶颈。如何改善交通，如何让出行变得轻松快捷，如何让交通不再成为人们的困扰，是国家与公众所共同关注的话题。

就目前科技发展来看，磁悬浮列车应该是改善交通的最好、最现实的工具。

1814 年，斯蒂芬森发明了火车， 1825 年世界上第一条标准轨铁路出现，从此火车渐渐成为人们出行的主要交通工具。进入 70 年代以后，随着世界工业化国家经济实力的不断加强，虽然经过多次提速，火车仍然无法适应社会快速发展的需要，人们迫切需要一种能够更为快捷的交通工具来提高交通运输能力。

普通列车行驶时，车轮与钢轨是紧紧贴在一起的，当列车高速行驶时，车轮与钢轨的阻力就大大增加。据科学家计算，依靠动力牵引，车轮与钢轨接触的普通轮轨列车，最大时速为 380km 左右。如果考虑到噪声、振动、车轮和钢轨磨损等因素，实际速度不可能达到最大时速。所以，即使是欧洲、日本现在正运行的高速列车，在速度上已没有多大潜力。但如果能够使火车从铁轨上浮起来，消除了火车车轮与铁轨之间的摩擦，就能大幅度地提高火车的速度，突破 400km/h 轻而易举。如何使火车从铁轨上浮起来呢？磁悬浮列车就应运而生了。

磁极间的相互作用是磁悬浮列车的基本原理。利用"同名磁极相互排斥，异名磁极相互吸收"，使列车其悬浮于轨道之上即"磁性悬浮"，这样列车完全脱离轨道行驶，成为"无轮"列车，其时速可高达几百千米以上。

"若即若离"是磁悬浮列车的基本工作状态。在运行过程中，车体浮于轨道之上，其间隙约 1 厘米，因而有"零高度飞行器"的美誉。从这种意义上说它已经不是列车，而是"会飞的车"，如图 8-19 所示。

图 8-19 磁悬浮列车

中国磁悬浮技术起步较晚，直到 20 世纪 80 年代，中国三位学者才几乎同时将磁浮技术的研究提上日程表。 1989 年 12 月，我国成功研制出第一台小型磁悬浮原理样车。 1992 年，国家将"磁悬浮列车关键技术研究"列入"八五"国家重点科技攻关计划，这表明国家正式将磁悬浮的发展纳入计划。 1994 年 10 月，西南交通大学建成了首条磁悬浮铁路试验线，同时开展了磁悬浮列车的载人试验。"7 个座位，悬浮高度为 8 毫米，自重 4 吨，时速为 30 公里"的指标在今天看来有些"小儿科"，但在我国磁悬浮列车发展史上却树起了一个里程碑。 2009 年 6 月 15 日，国内首列具有完全自主知识产权的实用型中低速磁悬浮列车，在中国北车唐山轨道客车有限公司下线后完成列车调试，开始进行线路运行试验，这标志着我国已经具备中低速磁悬浮列车产业化的制造能力。

磁悬浮何去何从，我们翘首以待！

问题与练习

1. 如图 8-20 所示，电流、磁场和安培力三者中两者的方向已知，试确定第三者的方向。

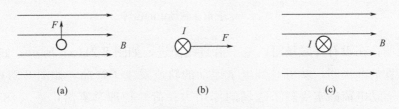

图 8-20 题 1 图

2. 两根平行直导线通以同向电流，其间的作用是怎样的？若其通以反向电流，作用又是怎样的？

3. 在匀强磁场中，有一条长 0.06m 的导体，通以 10A 的电流，且电流方向与磁场方向垂直。若导体所受到的作用力是 0.06N，则磁感应强度是多少？

4. 在磁感应强度为 0.8T 的匀强磁场中，放一根与磁场方向垂直，长度为 0.5m 的通电导线。导线在与磁场方向垂直的平面内，沿磁场力方向移动 20cm。导线中的电流是 10A，求磁场力对通电导线做的功。

5. 一平面线圈的面积为 0.2m²，通以 2A 的电流，置于 0.5T 的匀强磁场之中，且磁场方向与线圈平面平行。求线圈所受磁力矩的大小。

8.4 磁场对运动电荷的作用力

(1) 洛伦兹力

安培定律说明磁场对电流有力的作用，导体中的电流又是大量电荷定向运动形成的。因此磁场对载流导线的作用力，实际上是对这些定向运动电荷作用力的宏观表现。磁场对单个运动电荷有没有力的作用呢？通过下述实验可以得到证实。

图 8-21 是一个抽成真空的玻璃泡，当在它的两极间加有高电压时，就能有电子束从阴极上发射出来。这种从阴极上发射出来的电子束称为阴极射线。阴极射线在两极间的强电场作用下，打到长条形的荧光屏上能激发荧光，因此就能观察到电子运动的轨迹。

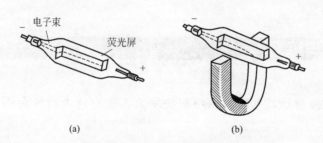

图 8-21　电子束在磁场中的偏转

实验表明，在没有外磁场时，电子沿直线前进，如图 8-21（a）所示。如把射线管放在蹄形磁铁的两极间，就可看到电子运动的轨迹发生了弯曲，如图 8-21（b）所示。这就证明，运动电荷确实受到了磁场的作用力。荷兰物理学家洛伦兹（1853—1928）首先提出了磁场对运动电荷有作用力的观点。为了纪念他，通常把磁场对运动电荷的作用力叫做洛伦兹力。

如果保持阴极射线管不动，把磁铁的极性对调，就会发现阴极射击线的偏转方向发生了变化，跟原来的相反。这说明运动电荷在磁场中偏转的方向与磁场的方向、电荷运动方向有关。通过大量的实验，可以得出如下结论：**洛伦兹力的方向总是垂直于磁场方向和速度方向所决定的平面，它的指向也可以用左手定则来确定。**
左手定则：让磁感应线垂直进入左手手心，四指指向正

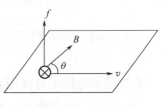

图8-22　左手定则

电荷运动的方向或负电荷运动的反方向，那么，大拇指所指的方向就是洛伦兹力的方向。如图8-22所示。

由于洛伦兹力总是跟电荷运动的方向垂直，所以洛伦兹力对运动电荷不做功，它只能改变电荷运动的方向，而不能改变电荷运动速度的大小。这是洛伦兹力的一个重要特征。通过安培定律可以导出，洛伦兹力的大小 f 与运动电荷的电量 q、运动速度 v、磁感应强度 B 以及电荷运动方向与磁场方向夹角的正弦的乘积成正比，即

$$f = qvB\sin\theta$$

式中 F、q、v、B 的单位在 SI 中分别是 N、C、m/s、T。

如果电荷沿磁场方向运动，$\theta = 0°$，那么 $f = 0$，运动电荷不受洛伦兹力的作用；如果电荷运动方向垂直于磁场方向，$\theta = 90°$，那么，$f = qvB$，运动电荷所受到的洛伦兹力最大。

（2）带电粒子在匀强磁场中的运动

一个带电粒子在匀强磁场中运动，如其速度跟磁场方向不相同，它就要受到磁场的洛伦兹力作用，粒子就会偏离原来的运动方向，做曲线运动。在此只介绍一种简单但比较重要的情况，即带电粒子的初速度跟磁场方向垂直的情况。

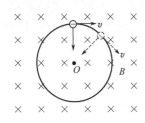

图8-23　带电粒子在匀强磁场中的运动

如图8-23所示，一质量为 m、电量为 q 的粒子，以初速 v 垂直进入磁感应强度为 B 的匀强磁场中。电荷所受到的洛伦兹力大小为 $f = qvB$，由于洛伦兹力的方向总是跟粒子的运动方向垂直，它对粒子不做功，因此不改变粒子的速度大小，只改变粒子的速度方向。此时，洛伦兹力起着向心力的作用。由于粒子的速度大小保持恒定，洛伦兹力的大小也保持不变，因此粒子做匀速圆周运动。

根据洛伦兹力和向心力的公式，可以得粒子运动的轨道半径为

$$R = \frac{mv}{qB}$$

上式表明，在匀强磁场中做匀速圆周运动的带电粒子，其轨道半径跟粒子的质量和运动速率有关。质量一定时，轨道半径跟运动速率成正比。

将上式代入匀速圆周运动的周期公式，可得

$$T = \frac{2\pi R}{v}$$

上式表明，带电粒子在磁场中做匀速圆周运动时，其周期跟轨道半径和速率无关。

电场对带电粒子有作用，磁场对带电粒子也有作用。当电场和磁场共同存在时，都会对带电粒子施加作用，这一知识在科学技术之中有着广泛的运用。如电视机的显像管、电子显微镜、回旋加速器、质谱仪等，都是利用电场和磁场来控制电荷的运动的。

（3）回旋加速器

在现代物理学中，常用高能粒子去轰击各种原子核，以了解原子核的奥秘。如何获得高能粒子呢？1932年美国物理学家劳伦斯发明了一种回旋加速器，利用这种装置可获得高能量的带电粒子。

图8-24是回旋加速器的构造示意图，它由两个半圆形金属盒组成。盒子置于封闭的真空容器内，垂直地放在两个强磁极产生的匀强磁场中。在这两个金属盒中心的狭缝处，有一个离子源。

回旋加速器的工作原理如图8-25所示。若离子源从 A_0 处发射一个带正电的粒子，以某一速率 v_0 垂直进入金属盒内的匀强磁场中，将在洛伦兹力的作用下做匀速圆周运动。经过半个周期，当它沿半圆弧 $A_0 A_1$ 到达 A_1 时，通过电源在 $A_1 A_1'$ 处形成一个向上的电场，使这个带电粒子在 $A_1 A_1'$ 处受到一次电场的加速，速率由 v_0 增加到 v_1。然后粒子以速率 v_1 在磁场中做匀速圆周运动，又经过半个周期，当粒子沿半圆弧 $A_1' A_2'$ 到达 A_2' 时，在 $A_2' A_2$ 处形成一个向下的电场，使粒子再次受电场的加速，速率增加到 v_2。如此继续下去，每当粒子通过狭缝时，都会受到电场的加速，这样粒子将沿图示的螺线 $A_0 A_1 A_1' A_2' A_2 \cdots\cdots$ 回旋下去，速率将逐渐增大。

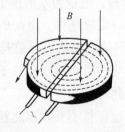

图8-24 回旋加速器

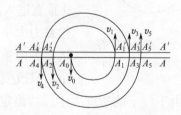

图8-25 回旋加速器原理

由带电粒子在匀强磁场中做匀速圆周运动的周期公式 $R = mv/qB$ 可知，若磁感应强度 B、粒子质量 m 及粒子电量 q 均不变，则粒子做圆周运动的周期 T 就不变。因此，尽管粒子的速率和半径逐渐增大，运动周期却始终不变，这样只要在狭缝处形成一个交变电场，使其周期与粒子运动的周期相同，这样就可以保证粒子每次通过狭缝都能被加速。目前世界上最大的质子同步加速器，能使质子的能量达到 $10^{12}\,\mathrm{eV}$。

（4）质谱仪

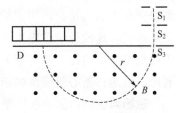

图 8-26 质谱仪原理

测量带电粒子的质量和分析同位素时，通常使用质谱仪。质谱仪的原理如图 8-26 所示。一些带相同电荷的粒子，经过 S_1、S_2 之间的加速电场加速后，穿过小孔 S_3 垂直进入磁感应强度为 B 的匀强磁场中做匀速圆周运动，最后打到照相底片 D 上，形成若干谱线状的细条，叫质谱线。由公式 $R = mv/qB$ 可知，当 q、v、B 相同时，m 与 R 成正比，即每条谱线对应于一定的质量。从谱线的位置可测出圆周运动的半径，如再已知带电粒子的电荷量 q，就可计算出其质量。利用质谱仪对某种元素进行测量时，不仅可以准确地测出各种同位素的原子量，还可以根据照相底版上粒子曝光的数量，对同一种元素中各种同位素的比例进行测定。

[**例 8-2**] a 粒子（即氦原子核，带两个正基本电荷，质量为 6.6×10^{-27} kg）以 3×10^7 m/s 的速率垂直进入磁感应强度为 10T 的匀强磁场中。求粒子在磁场中运动的轨道半径和周期。

分析：带电粒子垂直进入匀强磁场，将在洛伦兹力的作用下做匀速圆周运动，已知带电粒子的电量、质量、速率和磁场的磁感应强度，粒子运动的轨道半径和周期就可求出。

解：由 $R = mv/qB$ 得

$$R = \frac{6.6 \times 10^{-27} \times 3 \times 10^7}{2 \times 1.6 \times 10^{-19} \times 10} = 6.2 \times 10^{-2} \ \text{(m)}$$

由 $T = 2\pi R/v$ 可得

$$T = 2 \times 3.1 \times \frac{6.2 \times 10^{-2}}{3 \times 10^7} = 1.3 \times 10^{-8} \ \text{(s)}$$

 物理万花筒

生物磁学

海洋中环游的鱼群、春来秋去的候鸟都是靠地球的磁场导航的，人也有微弱的生物场……这都说明磁场和生命有着密切的关系。近年来，随着人们对磁场的生物作用和生物体内磁现象研究的深入，逐渐形成了一门边缘科学——生物磁学。

任何物质都有或强或弱的磁场，生物体也不例外。生物体具有磁性，其生理活动也具有磁场。一般而言，这些生物磁场都比较微弱。如正常人心脏的跳动产生的磁场约为 10^{-10} T，脑神经活动产生的磁场约为 5×10^{-13} T，它们虽然非常微弱，但研究其对生物的生命活动意义重大。

生物体的磁场源于体内的生物电流中的铁离子，其变化反映出生命活动的各种信息。当生物体发生病变后，其磁场也会发生变化。这些微小的变化都可以用于病理研究和疾病的诊断。用灵敏的仪器测出人体组织的磁场，绘出人体磁图，可用来检测病变。现代医学已应用核磁共振成像技术作为诊断手段之一。人体磁图技术和人体电图技术相比，具有不需与人体接触、测量信息量大、分辨率高等优点。目前利用心磁图诊断心脏疾病的确诊率已高于心电图。

磁场对生物的影响在医学上也有着重要的应用。早在西汉时期，我国就有了利用磁石治病的先例。在明代，大药物学家李时珍在他的医药学巨著《本草纲目》中，利用磁石或以磁石为主的药物治疗病种达十多种。现代医学上，人们利用磁治疗仪在人体特定的经络穴位处，施加恒定或变化的磁场作用，使该处组织的生物电、生物磁场发生变化，从而促进疾病的痊愈。目前磁疗已在治疗高血压、冠心病、血管瘤等多种疾病中取得了显著的疗效。

在自然界中，磁场也影响着许多生物的生长、行为习性。通过古生物的研究，人们发现每当地球的磁场减弱或磁极反转时，总是伴随着一些生物的大量减少，甚至灭绝。

在农业、养殖业等方面，磁场也有着重要的应用。用磁场处理过的种子（磁力育种）成活率高，能起到增产增收的作用。用磁化水饲养家畜、家禽和养殖鱼类，可提高存活率，加快生长，提高产量。

相信随着人们对磁现象研究的深入，生物磁学会有着更广阔的发展前景。

问题与练习

1. 带电粒子在磁场中运动，洛伦兹力是否对它做功？能否用磁场使电子加速？

2. 竖直向上射出的一束粒子：有带正电的，有带负电的，还有不带电的，你能想法将它们分开吗？

3. 如图 8-27 所示，带电离子以速率 v 射入匀强磁场，分别标出它们所受洛伦兹力的方向。

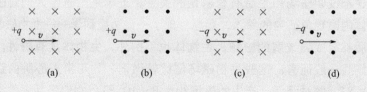

(a)　　　　　(b)　　　　　(c)　　　　　(d)

图 8-27　题 3 图

4. 电子的速度为 $3 \times 10^7 \text{m/s}$，垂直进入磁感应强度为 2T 的匀强磁场，求电子所受洛伦兹力的大小。

本章小结

本章主要介绍了磁场的概念，对磁场定性和定量的描述，磁场对电流、运动电荷作用的规律及其应用。

一、磁场

（1）磁场：存在于磁体和电流周围能传递磁相互作用的特殊物质。

磁场有强弱和方向，习惯上规定：可以自由转动的小磁针静止时 N 极的指向为磁场的方向。

（2）磁场的直观描述：为形象描述磁场的强弱和方向，引入磁感线的概念。在磁场中画出一系列带箭头的曲线，使曲线上每一点沿箭头一侧的切线方向与该点的磁场方向相同。

（3）电流的磁场：电流能够产生磁场。电流的磁场可以用安培定则（右手螺旋定则）确定：用右手握住导线，使大拇指沿电流的方向伸直，则弯曲的四指所指的方向就是磁感线的绕行方向。

（4）磁的本质：运动电荷产生磁。

二、磁感应强度、磁通量

（1）磁感应强度：垂直于磁场方向的通电导线所受的磁场力 F 与电流 I 和导线长度 L 的乘积 IL 的比值，为该处的磁感应强度，即

$$B = F/(IL)$$

磁感应强度为矢量，其方向为该点磁场的方向。

（2）磁通量：穿过某一面磁感线的总条数。对匀强磁场中的一个平面线圈而言，穿过它的磁通量为磁感应强度 B、平面面积 S 及其夹角的余弦 $\cos\alpha$ 的乘积决定，即

$$\Phi = BS\cos\alpha$$

磁通量是标量。

三、磁场对电流、运动电荷的作用

（1）安培定律：在匀强磁场中通电直导线所受的磁力，大小等于磁感应强度 B、电流强度 I、导线长度 L 以及电流与磁场两者夹角的正弦 $\sin\theta$ 的乘积，即

$$F = BIL\sin\theta$$

其方向可用左手定则判定：伸开左手，使大拇指与其余四指垂直并在同一平面内，让磁感线垂直穿过手心，四指方向指向电流的方向，则大拇指所指的方向即为电流所受磁力的方向。

（2）磁场对通电线圈的作用：一面积为 S 的平面线圈在匀强磁场中所受磁场的作用力矩为

$$M = NBIS\cos\theta$$

其中 N 为线圈匝数，B 为磁感应强度，I 为线圈通过的电流强度，θ 为平面与磁场的夹角。

（3）洛伦兹力：磁场对运动电荷的作用力。洛伦兹力的大小为

$$f = qvB\sin\alpha$$

其中 q 为电荷的电量，v 为电荷运动的速率，B 为磁感应强度，α 为 v 与 B 的夹角。洛伦兹力的方向也可用左手定则判定。

课后达标检测

一、选择题

1. 关于磁感线的几种说法，正确的是（　　）。

A. 磁感线始于 N 极，终止于 S 极

B. 磁感线的方向是小磁针 N 极的受力方向

C. 磁感线的切线方向是该点的磁场方向

D. 磁感线能相交

2. 图 8-28 中，能正确表达电流和磁场关系的是（　　）。

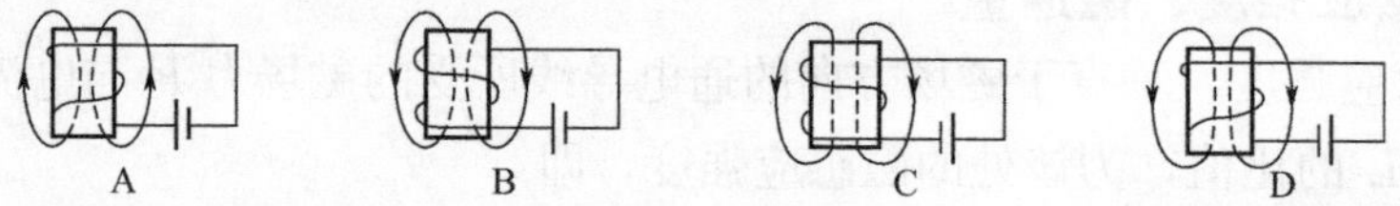

图 8-28　题 2 图

3. 根据公式 $B = F/(IL)$，下列结论中，正确的是（　　）。

A. B 随 F 增大而增大

B. B 与 IL 成正比

C. B 与 F 成正比，与 IL 成反比

D. B 与 F、I、L 均无关

4. 置于磁场中的一小段通电直导线，受到安培力 F 的作用，则下列说法中正确的是（　　）。

A. 安培力的方向一定和磁感应强度的方向相同

B. 安培力的方向一定和磁感应强度的方向垂直

C. 安培力的方向一定和电流方向垂直，但不一定和磁感应强度方向垂直

D. 安培力、电流和磁感应强度的方向三者都一定相互垂直

5. 五个相同的矩形线圈均平行磁场放置，都通以顺时针方向的电流，如图 8-29 所示，下面正确的说法是（　　）。

A. a、b 中线圈所受力矩相等，且数值较大

B. c、d 中线圈所受力矩相等，且数值较大

C. e 中线圈所受力矩最小

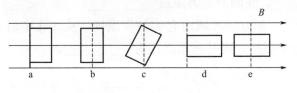

图 8-29　题 5 图

D. 上述五种情况线圈所受力矩大小相等

6. 一带电粒子沿通电的直螺旋管轴线射入管中，粒子将在管中（　　）。

A. 做匀速直线运动　　　　　　　　　B. 做匀加速直线运动

C. 做匀速圆周运动　　　　　　　　　D. 沿轴线来回运动

7. 质子与粒子以相同的速度垂直进入一匀强磁场，则其在磁场中运动轨道的半径之比是（　　）。

A. 1∶1　　　　　　B. 1∶2　　　　　　C. 2∶1　　　　　　D. 4∶1

二、填空题

1. 磁体外部的磁感线从_____极到_____极；磁体内部的磁感线是从_____极到_____极。

2. 如图 8-30 所示，圆盘 D 带正电，当其绕轴顺时针转动时，置于圆盘右端轴线上的小磁针 N 极最终的指向是哪里？

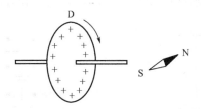

图 8-30　题 2 图

3. 一长为 0.1m，通以 2A 电流的直导线，置于如图 8-31 所示的匀强磁场中。已知磁感应强度为 0.1T，则导线所受安培力的大小分别为：

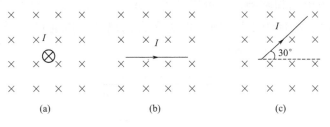

图 8-31　题 3 图

(a) _____ N；(b) _____ N；(c) _____ N。

4. 矩形通电线圈置于匀强磁场中，当线圈平面平行于磁感线时，通过线圈的磁通量最_____，线圈所受力矩最_____；当线圈平面垂直磁感线时，通过线圈的磁通量最＿＿＿＿＿＿，线圈所受力矩最＿＿＿＿＿＿。

5. 如图 8-32 所示，正方形区域内有一匀强磁场。从 a 孔中射入的电子束，在 b、c 两小孔处分别有电子射出，则其速率之比为＿＿＿＿＿＿。

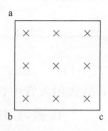

图 8-32　题 5 图

三、计算题

1. 在磁感应强度为 1.5T 的匀强磁场中，有一边长为 0.2m 的正方形线圈。当线圈平面与磁场方面垂直时，通过线圈的磁通量是多少？

2. 如图 8-33 所示，一金属导体棒长 0.49m，质量为 0.01kg，用两根细线悬挂于磁感强度为 0.5T 的匀强磁场中。若要使细线不受力，导体棒中应通以多大的电流？方向如何？

3. 如图 8-34 所示，通电导体棒长为 10cm，电源电动势为 2V，回路的总电阻为 5Ω，磁感应强度为 0.2T。求导体棒所受安培力的大小和方向。

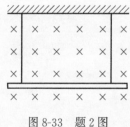

图 8-33　题 2 图

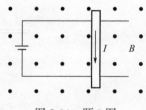

图 8-34　题 3 图

4. 图 8-35 为离子速度选择器的原理图。一正电荷垂直进入电场和磁场共存的区域，只要适当调节电场和磁场，就可以选择一定速度的离子。已知电场强度 $E = 4 \times 10^4$ N/C，磁感应强度 $B = 0.2$T，问速度为多大的离子才能通过选择器？如果要想选择速度更大的离子，怎样才能做到？

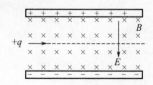

图 8-35　离子速度选择器原理图

第9章

电磁感应

奥斯特实验表明，电流可以产生磁场，反之磁场能否产生电流呢？当时不少物理学家都开始探索如何利用磁体产生电流。但在相当长的时间内，都没取得预期的结果。英国物理学家法拉第经过十年坚持不懈的努力，终于在1831年发现了由磁产生电流的条件和规律。由磁产生电的现象称为电磁感应现象。

电磁感应现象是电磁学的重大发现之一，它进一步揭示了电与磁的内在联系，为麦克斯韦建立完整的电磁理论奠定了基础。根据这一原理制造的发电机发出的电能，在生产和生活中得到广泛的应用，推进了文明的程度，使人类进入了电气化的时代。

本章主要研究电磁感应现象及其规律，在此基础上介绍互感、自感现象和它们的某些应用。

本章重点掌握感应电流方向判断的方法及法拉第电磁感应定律，了解互感、自感现象和电磁场、电磁波的概念。

▶ 9.1 电磁感应现象

在什么条件下，磁场才能产生电流呢？下面通过实验来说明这个问题。

 观察实验一

如图9-1所示，用导线将导体棒 AB 连接起来，并和灵敏电流计相连。当导体棒

AB在磁场中做切割磁感应线运动时，灵敏电流计的指针就会发生了偏转，这表明电路中产生了电流。当导线沿磁感线的方向运动时，灵敏电流计的指针不发生偏转，这表明电路中没有电流。这是在中学就已经学过的结论。

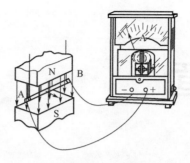

图 9-1　实验一电路连接

在上述实验中，导体是运动的。如果反过来，让磁体运动，而导体不动，会不会在电路中产生电流呢？

观察实验二

如图 9-2 所示，把一个螺线管接在灵敏电流计上，再将条形磁铁插入螺线管中。可以发现，在磁铁相对螺线管运动的过程中，电流计指针将发生偏转，这表明螺线管中产生了电流。当磁铁在螺线管中不动时，电流计指针不偏转，表明线圈中没有电流。当把磁铁拔出时，在拔出的过程中，电流计指针又发生反向的偏转，这表明，这时电流的方向与磁铁插入时相反。同时，还可以发现，磁铁插入或拔出速度越快，电流计指针偏转角度越大，说明电流越大。如果使磁铁静止，让线圈相对磁铁运动，也可得出同样的结论。

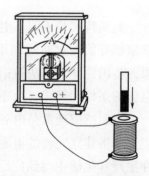

图 9-2　实验二电路连接

观察实验三

如图 9-3 所示，取另一个螺线管 A，与电键和电源串联。将 A 插入大螺线管 B

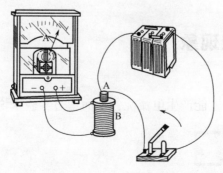

图 9-3　实验三电路连接

中，可以观察到，在接通电键的瞬间，电流计指针瞬时偏转了一下。再把电键断开，指针也瞬间偏转了一下，但方向与前面相反。如果把电键换成可变电阻，当调节电阻的阻值时，通过螺线管 A 中的电流也发生变化，也可以观察到电流计指针的偏转。如果 A 中的电流变化越快，线圈 B 中的电流就越大。当螺线管 A 中的电流不变时，螺线管 B 中就没有电流。

分析上述三个实验，就可以发现其中共同之处。实验一中，导线切割磁感线时，闭合回路中的磁通量发生了变化；实验二中，当磁铁插入或从螺线管中拔出时，螺线管中的磁通量也发生了变化；实验三中，当螺线管 A 中的电流变化时，产生的磁场在变化，所以穿过螺线管 B 中的磁通量也发生了变化。

综上所述，不论是闭合回路中一点导线做切割磁感线运动，还是闭合回路中磁场发生变化，穿过闭合回路的磁通量都有变化。由此可以得出如下结论：**当穿过闭合回路的磁通量发生变化时，电路中就产生电流。**这种利用磁场产生电流的现象称为**电磁感应现象**，产生的电流称为**感应电流**。

😊 物理万花筒

电磁感应与动圈式话筒

1831 年，英国的物理学家法拉第发明了电磁感应现象：闭合电路的一部分导体在磁场中做切割磁感线运动时，导体中就会产生电流，这种现象称为电磁感应现象，产生的电流就叫感应电流。

电磁感应这一重要的发明，对人类最大的贡献就是由此而制造出的发电机，使人类大规模地用电成为一种现实。

发电机是利用电磁感应现象制成的，这点可能有些物理知识的人也都知道。其实，你可能不知道，我们在生活中常见的话筒（麦克风），大多也是根据这个原理制成的。

话筒的种类很多，按结构不同，一般分为动圈式、晶体式、炭粒式、铝带式和电容式等；按使用性能可分成立体声话筒、有线话筒、无线话筒、驻极体话筒等；按接收的方向又可分成心形、超心形、强指向、无方向等。但不管是什么样形式的话筒，它们的原理是相同的，就是把声信号转换成电信号，只是采用转换信号的方式不同。

我们生活中常见的话筒大部分都是动圈式话筒，它是在一个膜片的后面粘贴着一个由漆包线绕成的线圈，也叫音圈。在有膜片的后面还安装了一个环形的永磁体，并将线圈套在永磁体的一个极上，线圈的两端用引线引出。

我们已经知道，物体是由振动发声的。我们说话时会激起向四周传播的声波，声波引起周围空气的振动。对着话筒说话时，我们说话产生的声波就会引起膜片的振动，膜片的振动就带动了套在磁极上的线圈前后振动，而线圈的前后振动，就做了切割了磁感线的运动，所以就在线圈中产生了电流，这样就把声信号转化为电信号。

我们说话的声音是大小不断变化的，线圈振动时产生的感应电流的大小和方向也就不断地变化，它变化的振幅和频率是由声波决定的。

当然这个微弱的电流不足以引起扬声器的喇叭振动，这时我们就用扩音器（俗称功放）把这个电流放大，再传给扬声器，从扬声器中就发出了放大的声音。

扬声器工作过程是刚好和话筒完全相反的，它把电信号又转换成声信号，这里用到的就是通电导体在磁场中会受到力的作用这个原理，有兴趣的同学可以查阅一下的资料，看看扬声器的结构和工作原理吧！

当我们在卡拉OK厅放声高歌时，当我们在KTV包房尽情欢唱时，当我们陶醉在舞台上歌星的精彩歌声时，当我们沉浸于主持人的妙语连珠时，请别忘了拿在手里的默默无闻的工具——话筒，不是它们的存在，不是它们的尽职尽责，我们又怎么会有这样美好的享受呢？

问题与练习

1. 判断下列说法，正确的是（　　）。

A. 只要闭合回路中有磁通量，就会有感应电流产生

B. 导体在磁场中运动时，导体内一定会产生感应电流

C. 只要穿过闭合回路中的一部分导体在磁场中运动，就会有感应电流产生

2. 如图9-4所示，导体为闭合回路中的一部分，当其作图中运动时，回路中能产生感应电流的是（　　）。

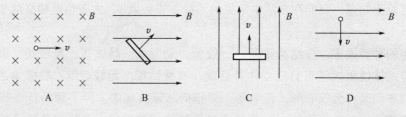

图9-4　题2图

3. 如图9-5所示，在匀强磁场中的一个长方形导线框，则能产生感应电流的是（　　）。

A. 左右平行移动　B. 前后垂直移动　C. 上下平行移动　D. 以中心轴转动

4. 在通电的长直导线周围有A、B、C、D四个导线框，A、B的平面跟导线垂直，C、D的平面跟导线平行。它们的运动方向如图9-6所示，问哪个导线框中会产生感应电流？为什么？

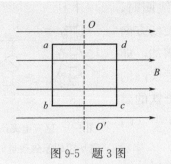

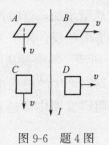

图 9-5 题 3 图 　　　　图 9-6 题 4 图

9.2 感应电流的方向

上一节介绍了电磁感应现象，即当穿过闭合电路的磁通量发生变化时，电路中便产生感应电流，但在不同情况下，感应电流的方向不同。那么，如何判断感应电流的方向呢？

（1）右手定则

初中物理介绍过，闭合电路中一部分导体做切割磁感线运动时，电路中产生感应电流的方向可用右手定则确定：**伸开右手，使拇指与其余四指垂直，且在同一水平面内，让磁感线垂直穿入手心，大拇指指向导体运动方向则四指所指的方向就是导线中感应电流的方向。**如图 9-7 所示。

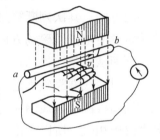

图 9-7 右手定则

（2）楞次定律

当闭合回路中磁通量发生变化时，电路中感应电流的方向又该如何判断呢？下面通过实验来进行分析研究。

观察实验

如图 9-8 所示。当磁铁移近或插入线圈时，线圈内感应电流所产生的磁场方向跟磁铁的磁场方向相反，如图中（a）、（c）所示；当磁铁离开线圈或从线圈中拔出时，线圈中感应电流产生的磁场方向与磁铁的磁场方向相同，如图中（b）、（c）所示。

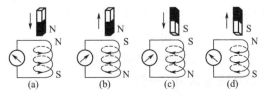

图 9-8 感应电流产生的磁场方向

由上述实验可以得出如下结论：当磁铁插入线圈时，穿过线圈的磁通量增加，这时产生的感应电流的磁场方向跟磁铁的磁场方向相反，阻碍线圈中原磁通量的增加，如图 9-9 中（a）所示。当磁铁从线圈中拔出时，穿过线圈的磁通量减小，这时产生的感应电流的磁场方向跟磁铁的磁场方向相同，阻碍线圈中磁通量的减少，如图 9-9 中（b）所示。

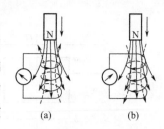

图 9-9　感应电流产生的磁场阻碍原磁通量的变化

通过对其他电磁感应实验的分析，都能得到类似的结论。当穿过闭合电路的磁通量增加时，感应电流的磁场方向总是与原来的磁场方向相反，阻碍磁通量的增加；当穿过闭合电路的磁通量减少时，感应电流的磁场总是跟原来的磁场方向相同，阻碍磁通的减少。因此可得出如下规律：**感应电流具有这样的方向，其磁场总是要阻碍引起感应电流的磁通量的变化。**该规律最早由俄国物理学家楞次（1804—1865）在大量实验的基础上总结归纳出的，故称之为**楞次定律**。

应用楞次定律可以判断各种情况下感应电流的方向，其具体步骤是：首先确定原磁场的方向；其次判断穿过闭合导体回路的磁通量是增加还是减少；然后根据楞次定律确定感应电流的磁场方向；最后运用安培定则判定感应电流的方向。

下面从能量转换的角度来分析一下楞次定律。如图 9-8(a)、（c）所示，当磁铁靠近线圈时，线圈靠磁铁近的一端出现与磁铁同性的磁极；如图 9-8(b)、（d）所示，当磁铁远离线圈时，线圈靠近磁铁的一端出现与磁铁异性的磁极。由于同性磁极相斥，异性磁极相吸，所以无论让磁铁如何运动，感应电流的磁场总是要阻碍磁铁和线圈之间的相对运动。由此可知，要让磁铁和闭合回路发生相对运动，外力就必须克服它们之间的作用力。在此过程中，外力通过做功将机械能转化为线圈中的电能。因此，楞次定律从另一侧面反映了能量转换与守恒定律的正确性。

[例 9-1]　如图 9-10 所示，导线 AB 与 CD 互相平行，试用楞次定律确定当开关 K 闭合和断开时，CD 中的感应电流方向。

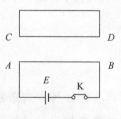

图 9-10　例 9-1 图

分析：当开关 K 闭合和断开时，由于 AB 中电流发生变化，在其周围引起磁场变化；在其周围引起磁场变化，通过 CD 所在的闭合回路的磁通量也随之发生变化，故而产生了电磁感应现象。

解：（1）当开关闭合时，导线 AB 中的电流从无到有，周围的磁场从无到有，使得 CD 所在的回路中的磁通量垂直纸面向外增加。根据楞次定律可知，感应电流的磁场将阻碍原磁通量的增加，所以它的方向与原来的磁场方向相反，即垂直纸面向里。再根据安培定律，可确定导线 CD 中感应电流的方向为由 D→C。

（2）同理，当开关断开时，AB 中电流从有到无，其产生的磁场减小。根据楞次定律可判断导线 CD 中的电流方向为 C→D。

[例 9-2]　如图 9-11 所示，一个金属 abcd 框架置于匀强磁场中，其中 cd 边可动。

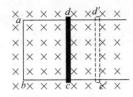

图9-11 例9-2图

当 cd 边向右运动时，试确定其中感应电流。

分析： 当导线 cd 向右运动时，切割磁感线，可用右手定则判断感应电流的方向；另一方面，闭合回路的磁通量也发生了变化，也可用楞次定律判断感应电流的方向。

解： 用右手定则判断，导线中的电流由 c 指向 d。同样，根据楞次定律，当导线 cd 向右运动时，原磁场的磁通量增加，感应电流的磁场方向与原磁场方向相反，即垂直纸面向外，再由安培定则可知，感应电流的方向由 c 指向 d。

由上例可知，用右手定则和楞次定律判断感应电流的方向结果是一致的。通常情况下，对于导线切割磁感线而产生感应电流的情况，用右手定则判断感应电流方向比用楞次定律更简单。

问题与练习

1. 楞次定律的内容是什么？怎样应用楞次定律确定感应电流的方向？

2. 如图9-12所示，若要导线产生图示电流，导线应该如何运动？

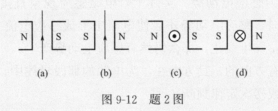

图9-12 题2图

3. 如图9-13所示，闭合线框 $ABCD$ 的平面跟磁感线方向平行。则下列情况线框中有无感应电流产生？方向怎样？

（1）沿 AB 边转动；

（2）沿 BC 边转动。

4. 如图9-14所示，将磁铁的 N 极移近线圈，则小磁针的 N 极将向什么方向转动？

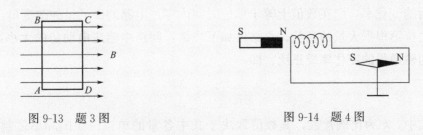

图9-13 题3图   图9-14 题4图

5.如图 9-15 所示，一杆挂着两个轻质铝环，可绕尖端自由转动。其中 A 环是闭合的，B 环是断开的。现用磁铁的任一极分别向 A、B 环插入或抽出，各会发生什么现象？为什么？

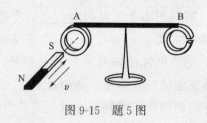

图 9-15　题 5 图

▶ 9.3　法拉第电磁感应定律

（1）感应电动势

由直流电路的知识可知，要使闭合电路中有电流，电路中必须有电源。在电磁感应现象中，既然闭合线圈中有电流产生，可知线圈中必定有电动势存在。电磁感应现象中产生的电动势称为感应电动势。实际上，电磁感应现象直接产生的是感应电动势，只有当电路闭合时，感应电动势才会使电路中形成感应电流。倘若电路不闭合，只要穿过线圈的磁通量发生变化，那么仍然有感应电动势产生。

感应电动势也是有方向的，其方向在作为电源的那段导线中，与感应电流的方向相同，可用右手定则或楞次定律判断。

（2）法拉第电磁感应定律

感应电动势的大小与哪些因素有关呢？在如图 9-2 所示的实验中，可以观察到，将磁铁以不同的速度插入或拔出螺线管时，电流计的指针的偏转角度不同。磁铁相对于螺线管运动越快，即穿过螺线管的磁通量变化越快，电流计的指针偏转角度越大，说明感应电流就越大。因为回路的总电阻不变，感应电流大时，感应电动势也越大。可用磁通的变化 $\Delta\Phi$ 跟发生这个变化所需时间 Δt 的比值 $\Delta\Phi/\Delta t$ 来表示，这个比值称为磁通的变化率，它在数值上等于单位时间内穿过电路的磁通量的改变量。

法拉第根据大量的实验，总结出如下规律：**回路中感应电动势的大小跟穿过这一回路的磁通量的变化率成正比**，即

$$E = k\frac{\Delta\Phi}{\Delta t}$$

式中，k 为比例常数，其数值取决于式中各量的单位。在国际单位制中，Φ、t、E 分别用 Wb、s、V 作单位，此时 $k=1$，上式可写成

$$E = \frac{\Delta\Phi}{\Delta t}$$

如果线圈有 N 匝，且通过每匝线圈的磁通量的变化率都相同，由于多匝线圈可看作由单匝线圈串联而成，因此整个线圈的感应电动势就是单匝线圈的 N 倍，即

$$E = N\frac{\Delta\Phi}{\Delta t}$$

应用上式时，通常只计算磁通量的绝对值，至于电动势的方向可用楞次定律判断。

[**例 9-3**]　在磁感应强度为 0.2T 的匀强磁场中，有一个面积为 0.01m² 、匝数为 500 的平面线圈，在 0.01s 内从平行磁场方向转到垂直磁场的方向。求线圈中的平均感应电动势。

分析：线圈从平行于磁场转到垂直于磁场的过程中，通过线圈的磁通量将从零变为 BS。所以，在时间 t 内磁通量的变化率 BS/t，因此根据法拉第电磁感应定律求出的电动势是这段时间的平均值。

解：根据法拉第电磁感应定律可得

$$E = N\frac{\Delta\Phi}{\Delta t} = N\frac{BS}{t} = 500 \times \frac{0.2 \times 0.01}{0.01} = 100 \ (V)$$

(3) 导体切割磁感线时的电动势

由法拉第电磁感应定律可以导出导体做切割磁感线运动时感应电动势的大小。如图 9-16 所示，将矩形线框 $abcd$ 置于磁感应强度为 B 的匀强磁场中，线圈平面与磁感线垂直。ab 的长度为 L，它以速度 v 向右匀速运动。在时间 Δt 内，导线从原来的位置 ab 移到 $a'b'$，则线圈面积的变化量为 $\Delta S = Lv\Delta t$，穿过电路的磁通量变化量为 $\Delta\Phi = B\Delta S = BLv\Delta t$，代入 $E = \Delta\Phi/\Delta t$ 就可得到

$$E = BLv$$

上式中，导线运动方向、导线、磁感线三者的方向相互垂直。更一般地，如果导线运动方向跟导线本身垂直，但跟磁感线方向的夹角为 θ，如图 9-17 所示，则可将 v 分解为垂直磁感线的分量 $v_\perp$ 和平行磁感线的分量 $v_{/\!/}$。因为后者不切割磁感线，只有前者切割磁感线，故 $E = BLv_\perp$，又因为 $v_\perp = v\sin\theta$，所以有

$$E = BLv\sin\theta$$

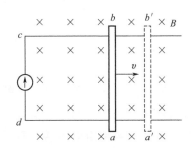

图 9-16　导体切割磁感线产生电动势

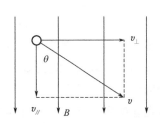

图 9-17　导体运动速度的正交分解

83

上两式中，E、B、L、v 的单位应分别用 V、T、m、m/s。应该注意的是，上式只对匀强磁场中平动的直导线才成立。

[**例 9-4**]　如图 9-18 所示，在 $B=0.1\text{T}$ 的匀强磁场中，一长为 $L=0.4\text{m}$ 的导体棒 AB，沿金属导轨以 $v=5\text{m/s}$ 的速度向右做匀速运动。如果导体与速度之间的夹角为 $30°$，回路的总电阻为 0.5Ω。问：

（1）AB 两端哪一端电势高？

（2）感应电动势的大小是多少？

（3）回路中感应电流的大小是多少？

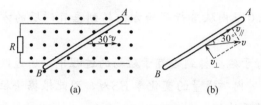

图 9-18　例 9-4 图

分析：先将速度分解为垂直于导线和平行于导线的两个分量 $v_\perp$ 和 $v_\parallel$，平行导线的 $v_\parallel$ 不切割磁感线，故只有 $v_\perp$ 切割磁感线产生感应电动势。

解：（1）应用右手定则可知，感应电动势的方向由 A 到 B，故 B 点电势高；

（2）感应电动势的大小为

$$E=BLv\sin\theta=0.1\times0.4\times5\times0.5=0.1\text{（V）}$$

（3）由全电路欧姆定律得

$$I=E/R=0.1/0.5=0.2\text{（A）}$$

☺ **物理万花筒**

法拉第与电磁感应现象

　　奥斯特发现电的磁效应后，在当时的科学界引起了轰动，各国科学家都竞相研究磁的电效应问题，英国物理学家法拉第（1791—1867）就是其中的一位。但他并没有像绝大多数科学家一样，在一系列实验失败后便放弃了努力。他坚信"磁生电"假说的正确性，经过长达 10 年之久的执著研究，终于取得了重大突破，在 1831 年 8 月获得了成功。

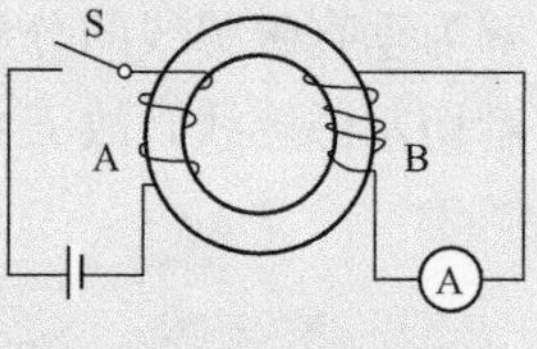

图 9-19　法拉第电磁感应实验装置

　　如图 9-19 所示，法拉第将两个线圈绕在一个铁环上，线圈 A 接直流电源，线圈 B 接电流表。他发现，当线圈 A 的电路接通或断开的瞬间，线圈 B 中产生瞬时电流。他还发现，当磁铁和一个闭合的电路有相对运动时，回路中也会有电流产生。法拉第还曾设计过著名的圆盘实验，即让一铜盘在磁场中旋转而获得连续的电流，这是世界上第一台利用电磁感应原理的发电机。经过大量实验的分析和研究，法拉第终于揭开了电磁感应现象的奥秘，并总结出电磁感应现象所遵守的规律。

电磁感应现象和其规律的发现，在科学史上具有划时代的意义，为开创人类电气化时代奠定了基础。作为一个出身贫寒，没有受过正规教育的人，法拉第通过自己的努力拼搏，创造了丰功伟绩，对人类做出了巨大贡献，这在历史上是少有的。他追求科学真理的顽强精神和治学方法，都是值得我们学习的。

问题与练习

1.下列说法中哪几个是正确的？

(1) 电路中感应电动势的大小跟穿过这一电路的磁通量成正比；

(2) 电路中感应电动势的大小跟穿过这一电路的磁通量的变化量成正比；

(3) 电路中感应电动势的大小跟穿过这一电路的磁通量的变化率成正比；

(4) 电路中感应电动势的大小跟单位时间内穿过这一电路的磁通量的变化量成正比。

2.如图 9-16 所示，导体 ab 可看作是一个电源，问它的哪一端相当于正极？如果电路断开，电路中有无感应电流？有无感应电动势？

3.一长 0.2m 的直导线，在磁感应强度为 0.2T 的匀强磁场中运动，速度为 0.5m/s。如果磁场方向、运动速度方向和导线长度方向三者互相垂直，求导线中的感应电动势的大小。

4.有一个 100 匝的线圈，在 0.1s 内通过它的磁通量均匀地从 0.1Wb 增加到 0.9Wb，求线圈中的感应电动势。如果线圈的电阻是 100Ω，求通过它的电流。

9.4 互感和自感

(1) 互感

从图 9-3 的实验中可以看出，当螺线管 A 中的电流发生变化时，穿过螺线管 B 的磁通量也随之发生变化，螺线管 B 中就会产生感应电动势。这种由于一个电路中电流的变化，在邻近电路中产生感应电动势的现象称为互感。变压器和感应线圈都是根据互感的原理制造的。

(2) 感应圈

感应圈是实验室中和技术上常用来获得高压的一种装置，实际上是一种特殊的升压变压器。如图 9-20 是感应圈的外观图。

感应圈的构造如图 9-21 所示。在软磁性材料组成的铁芯 M 上套着两个线圈，其中连接电源的线圈称为原线圈，匝数不多，由较粗的绝缘导线绕成。在线圈的外面，套着一个由细绝缘导线绕成的线圈，称为副线圈。副线圈的匝数很多，其两端分别接到两根绝缘的金属棒上。原线圈电路的接通和断开由断续器自动完成。断续器是由螺钉 W、弹簧片 S 和软铁 P 组成。当接通电路时，原线圈中有电流，铁芯被磁化，吸引软铁 P，使它和触点分开而切断电路。电路断开后，铁芯的磁性消失，软铁 P 在弹簧片 S 的作用下重新和螺钉 W 接触，电路又被接通。这样，原线圈中的电流就时通时断，产生一个变化的磁场，该变化的磁场也引起副线圈中磁通量的变化，在副线圈中就产生感应电动势。因为副线圈的匝数很多，能产生较大的感应电动势，所以副线圈两端的电压就非常高，能在小球间隙中引起火花放电。为防止原线圈断电时在触点 A 处发生火花放电而烧坏触头，通常在电路中并联一个电容器 C。

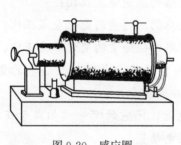

图 9-20　感应圈

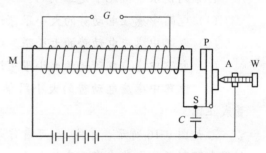

图 9-21　感应圈的线路简图

(3) 自感现象

在电磁感应现象中，有一种叫做自感现象的特殊情形，下面就来研究这种现象。

观察实验一

如图 9-22 所示，先闭合电键 S，调节变阻器 R，使同样的两个灯泡 A_1、A_2 的亮度相同。再调节变阻器 R 使两个灯泡都正常发光，然后断开电键。再接通电键时可以观察到，与变阻器串联的灯泡 A_2 立刻正常发光，而与带铁芯的线圈 L 串联的灯泡 A_1，却是逐渐亮起来的，明显滞后于 A_2。

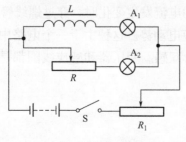

图 9-22　实验一电路

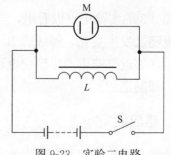

图 9-23　实验二电路

为什么会出现这种现象呢？原来，在接通电路的瞬间，电路中的电流增大，穿过线圈 L 的磁通量也随着增加，因而线圈中就会产生感应电动势。根据楞次定律可知，这个电动势会阻碍线圈中电流的增大，其方向跟原电流方向相反，所以通过灯泡 A₁ 的电流只能逐渐增大，灯泡 A₁ 看起来是逐渐变亮的。

观察实验二

图 9-23 中，将一小氖灯 M 与带铁芯的线圈 L 并联在电路中。这种氖灯只有在约 50V 的电压下才能发光。当接通电键后，因为电源电压很低（只有几伏），所以 M 不发光。但将电键断开时的瞬时，可看到氖灯突然闪亮一下。

为什么会出现这种现象么？这是因为电键断开时，线圈中电流突然减小，磁通量的变化很快，就在线圈中产生较大的感应电动势，足以使氖灯发光。

从上述两个实验可以看出，当导体中的电流发生变化时，导体本身就产生感应电动势，这个电动势总是阻碍导体中原来电流的变化。这种由于导体本身的电流发生变化而产生的电磁感应现象，叫自感现象。在自感现象中产生的感应电动势，叫自感电动势。

(4) 自感系数

自感电动势与其他感应电动势一样，大小与穿过线圈的磁通量的变化率成正比。线圈中的磁场是由电流产生的，所以穿过线圈的磁通量变化快慢跟产生这个磁场的电流的变化快慢成正比。因此自感电动势就跟电流的变化率成正比，即有

$$E_L = L \frac{\Delta \Phi}{\Delta t}$$

式中，比例系数 L 称为线圈的自感系数，简称自感或电感，它由线圈本身的特性决定。线圈越长，匝数越多，截面积越大，自感系数就越大。另外，有铁芯的线圈的自感系数比无铁芯时大得多。

在国际单位制中，自感系数的单位是亨利，简称亨，国际符号是 H。如果通过线圈的电流强度在 1s 内改变 1A 时，产生的自感电动势是 1V，则该线圈的自感系数是 1H。即

$$1H = 1V \cdot s/A$$

亨利这个单位较大，常用较小的单位有 mH 和 μH，它们间的换算关系为

$$1H = 10^3 mH = 10^6 \mu H$$

在含较大自感的电路中，断电时能产生很大的自感电动势，因此在断开处将引起火花或弧光放电，这是十分有害的，不仅可能损坏电气设备，还可能引起火灾或爆炸等事故。在化工厂、炼油厂和煤矿中，为防止事故发生，在切断电路前必须先减弱电流，并采用特制的安全开关。常用的安全开关是将开关浸泡在绝缘性能良好的油中，以防止电弧的产生。

自感线圈是交流电路中的重要元件，自感现象在各种电气设备和无线电技术中的应用十分广泛，日光灯的镇流器就是一个例子。

（5）日光灯镇流器

图 9-24 是日光灯的电路图。它由灯管、镇流器和启动器（也叫启辉器）组成。镇流器是一个带铁芯的线圈，自感系数较大。启动器的构造如图 9-25 所示，它有两个电极，一个是静触片，一个是双金属片制成的 U 形动触片，泡内充氖气。灯管内充有水银蒸气，当它导电时，就发出紫外线，使管壁上的荧光粉发光。由于激发水银蒸气导电所需要的电压较高，因此，日光灯需要一个瞬时高压以利于点燃。

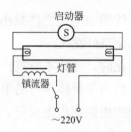

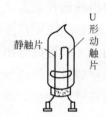

图 9-24 日光灯电路图   图 9-25 日光灯启动器构造图

当电键闭合后，电源电压加在启动器的两极之间，使氖气放电而产生热量，从而使 U 形触片与静触片接触而接通电路，于是灯管的灯丝中就有电流通过。电路接通后，启动器的氖气停止放电，U 形触片冷却收缩，使电路突然中断，而使镇流器产生一个瞬时高压电，加在灯管两端，使灯管中的气体开始放电，日光灯便开始正常发光。此后，由于通过镇流器的是交流电，线圈中就有自感电动势来阻碍电流变化，这时，它又起着降压限流作用，保证日光灯的正常工作。

问题与练习

1. 制造电阻箱时，通常用双线绕法（图 9-26），可使自感的影响减弱到可以忽略的程度，这是为什么？

图 9-26 双线绕法

2. 有一个线圈，自感系数是 1.2 H。当通过它的电流在 5×10^{-3} s 内由 1 A 增加到 5 A 时，求线圈中的自感电动势。

3.一个线圈的电流强度在 1×10^{-3}s 内变化了 0.02A，产生 30V 的自感电动势，求线圈的自感系数。

本章小结

本章主要介绍了电磁感应现象及电磁场和电磁波的概念。感应电流方向的判断、感应电动势大小的计算是重点。

一、电磁感应现象

（1）利用磁场产生电流的现象叫做电磁感应现象，产生的电流叫感应电流。

产生感应电流的条件：穿过闭合电路的磁通量发生了变化。

（2）感应电流方向的确定

① 当回路中磁通量变化时，感应电流的方向可用楞次定律判断：感应电流的方向，总是使它的磁场阻碍穿过线圈的原磁通量的变化。

② 当闭合电路中的一部分导线切割磁感应线运动时，感应电流可用右手定则判断：伸开右手，使拇指与其余四指垂直，且在同一平面，让磁感线垂直穿过手心，大拇指指向导线运动方向，则四指所指的方向就是导线中感应电流的方向。

二、感应电动势

（1）感应电动势：在电磁感应现象中产生的电动势。

在电磁感应现象中产生的首先是电动势，若电路闭合，才会有感应电流产生。

（2）法拉第电磁感应定律：闭合回路中感应电动势的大小，与穿过该回路的磁通量的变化率成正比，即

$$E = \frac{\Delta \Phi}{\Delta t}$$

对 N 匝线圈，有

$$E = N \frac{\Delta \Phi}{\Delta t}$$

（3）若导线切割磁感线产生感应电动势，其大小为

$$E = BLv\sin\theta$$

式中，θ 为 B、L、v 三者之间任意两者的夹角。

三、互感和自感

（1）互感：一个线圈内电流变化在邻近线圈中产生感应电流的现象。

应用：变压器、感应圈。

（2）自感：由于导体本身的电流变化而产生的电磁感应现象。

自感现象中产生的感应电动势叫自感电动势，其大小为

$$E_L = L \frac{\Delta I}{\Delta t}$$

式中，L 为线圈的自感系数。

课后达标检测

一、选择题

1. 下列说法中正确的是（　　）。

A. 电路中有感应电动势，就一定有感应电流

B. 电路中有感应电流，就一定有感应电动势

C. 两电路中感应电流大的，感应电动势一定大

D. 两电路中感应电动势大的，感应电流一定大

2. 闭合回路中产生感应电动势的大小，与穿过这一闭合回路的哪个物理量成正比（　　）。

A. 磁感应强度　　　B. 磁通量　　　C. 磁通量的变化量　　　D. 磁通量的变化率

3. 如图 9-27 所示，当磁铁远离线圈时，电流表中的电流（　　）。

A. 为零　　　　　B. 由下向上　　C. 由上向下　　　　D. 无法判断

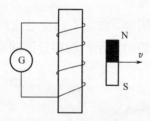

图 9-27　题 3 图

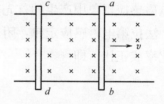

图 9-28　题 4 图

4. 如图 9-28 所示，两条光滑的金属导轨放置在同一水平面上，导体 ab、cd 可以自由滑动。当 ab 在外力作用下向右滑动时，cd 将（　　）。

A. 静止不动　　　B. 向右移动　　C. 向左移动　　　　D. 无法判断

5. 如图 9-29 所示，将金属圆环用细线悬挂起来。当条形磁铁 N 极由右迅速插入时，对于圆环的运动和圆环中的电流（从环的左侧向右看），正确的判断是（　　）。

A. 圆环向右运动，电流为逆时针方向　　B. 圆环向右运动，电流为顺时针方向

C. 圆环向左运动，电流为逆时针方向　　D. 圆环向左运动，电流为顺时针方向

图 9-29　题 5 图

6. 关于自感和互感，下列说法正确的是（　　　）。

A. 两个邻近的线圈，若其中一个电流大，另一个中的感应电动势一定大

B. 两个邻近的线圈，若其中一个电流变化大，另一个中的感应电动势一定大

C. 自感电动势的大小与线圈的匝数有关

D. 自感电动势的方向总是与引起自感电动势的原电流的方向相反

二、填空题

1. 如图 9-30 所示，一矩形线圈匀速向右穿过一匀强磁场，则在位置 1、2 _____（填有、无）感应电流；在场区内_____（填有、无）感应电流。

2. 如图 9-31 所示，导体棒应向_____运动，电容器上极板才能带正电。

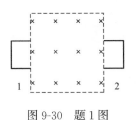
图 9-30　题 1 图

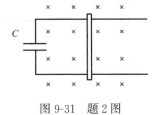
图 9-31　题 2 图

3. 如图 9-32 所示，一条形磁铁在自由下落的过程中穿过一闭合的线圈，则磁铁将受到_____作用。

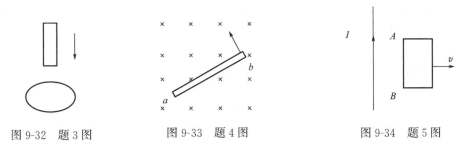

图 9-32　题 3 图　　　　图 9-33　题 4 图　　　　图 9-34　题 5 图

4. 如图 9-33 所示，一导体棒在匀强磁场中绕 a 端转动，则_____点电势高。

5. 如图 9-34 所示当矩形线圈远离通电直导线时，AB 中的电流方向为_____。

三、计算题

1. 一线圈的自感系数为 1.2H，其中的电流在 0.02s 内由 5A 减小到零，求自感电动势的大小。

2. 如图 9-35 所示，有一长为 0.2m、宽为 0.4m 的矩形线圈 abcd。已知磁感应强度为 0.1T，线圈在 0.01s 内从图示位置转过 90°，求线圈产生的最大感应电动势和在 0.01s 内的平均感应电动势。

3. 如图 9-36 所示，沿水平方向有一垂直纸面向里的匀强磁场，磁感应强度为 0.2T，一矩形线圈垂直磁场放置，线圈的一边 ab 可以无摩擦地上下滑动。已知 ab 的质量为 4g，长为 10cm，回路的总电阻为 0.2Ω，求 ab 在下滑过程中最大的速率。

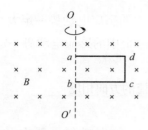

图 9-35　题 2 图

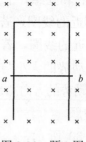

图 9-36　题 3 图

第10章

交流电

在前面章节中，已介绍过大小和方向都不随时间变化的电流，这种电流称为直流电流，简称为直流。除直流外，还有一种大小和方向随时间做周期性变化的电流，叫做交变电流，简称交流。交变电流和直流电流相比有许多优点，它可用变压器升降便于传输，可驱动结构简单、运行可靠的感应电机，因此在工农业生产和日常生活中被广泛使用。

本章主要介绍交变电流的产生、特点，表征交变电流的物理量等概念。通过本章学习，要求了解交变电流的产生，掌握正弦交变电流周期和频率、有效值和最大值的关系，了解变压器的原理。

10.1 交流发电机原理

（1）交流电的产生

如图 10-1 所示，是一个旋转电枢式交流发电机的模型，它由定子和转子两部分组成。静止部分称为定子，是用来产生匀强磁场的；运动部分称为转子，由线圈 *abcd* 和滑环组成。当线圈在匀强磁场中匀速转动时，可以观察到电流表的指针随线圈的转动而摆动，且线圈每转一周，指针左右摆动一次。这说明转动的线圈中有大小和方向都随时间做周期性变化的感应电流。

下面分析变化的电流是如何产生的。如图 10-2 所示，线圈 *abcd* 在磁场中转动时，

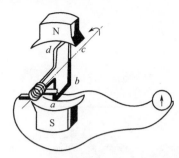

图 10-1　旋转电枢式交流
发电机模型

它的 ab、cd 两边切割磁感线，线圈中就会有感应电动势。回路是闭合的，所以有感应电流存在。

设线圈从图（a）所示位置开始，沿逆时针方向转动。此时线圈的各边都沿着磁感线运动，不切割磁感线，这一时刻回路没有感应电流。

当线圈转了 90°到图（b）所示位置时，这时候 ab 边向右切割磁感线，cd 边向左切割磁感线。所以线圈中产生了感生电流。利用右手定则判断，电流是沿着 a→b→c→d 方向流动的。

当线圈转了 180°，到图（c）所示位置时，线圈的各边都沿着磁感线运动，不切割磁感线。所以在这一时刻，线圈中没有感应电流。

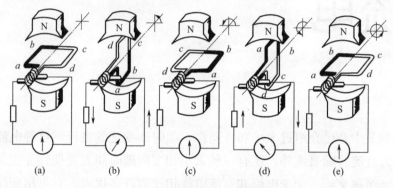

图 10-2　电流产生工作过程

当线圈转了 270°，到图（d）所示位置时，ab 边变为向左切割磁感线，cd 边变为向右切割磁感线，利用右手定则判断，电流是沿着 d→c→b→a 方向流动的。如图（d）中的箭头所示，正好和图（b）所示的方向相反。

当线圈转了 360°的时候，线圈的各边又都不切割磁感线。在这一时刻，电路里的电流强度是零。继续转动下去，电流的方向完全重复着上述的变化。

电流强度在图（b）和图（d）的位置时，有最大值。在图（a）和图（c）位置时，电流为零，这样的位置叫中性面。从上面陈述可知，线圈平面每经过中性面一次，感应电流的方向就改变一次。因此线圈转动一周，感应电流的方向改变两次。这种强度和方向都随时间做周期性变化的电流叫做交变电流，简称交流电或交流。

（2）交流发电机

交流发电机就是根据上述原理制造的。

如图 10-3 所示，在线圈的转动轴上安装两个铜滑环，两个滑环彼此绝缘，和转动轴也都相互绝缘。把线圈两个头分别焊在两个滑环上，两个滑环分别和金属电极接触，这两个电极叫做电刷。电刷上有接线

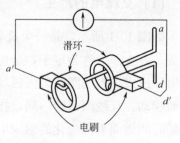

图 10-3　交流发电机构造

柱 a'、d' 连着外电路，这样线圈产生的感应电流就可以经过滑环和电刷送到外电路中去，供用电器使用。这种能产生交流电的发电机叫做交流发电机。

像图 10-1 那样，只有一个线圈在磁场里转动，电路里只产生一个交变电动势，这样的发电机叫做单相交流发电机。如果在磁场里有三个互成 120° 的线圈同时转动，电路里就产生三个交变电动势，这样的发电机叫做三相交流发电机，它发出的电流叫三相交变电流。

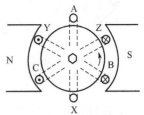

图 10-4 三相交流发
电机示意图

图 10-4 是三相交流发电机的示意图。在铁芯上固定着三个相同的线圈 AX、BY、CZ，始端是 A、B、C，末端是 X、Y、Z，线圈平面互成 120° 角。匀速转动铁芯，三个线圈就在磁场里匀速转动。这三个线圈是相同的，它们产生三个交变电动势也相同的。但它们不能同时为零或者同时达到最大值。由于三个线圈的平面依次相差 120° 角，它们到达零值（即通过中性面）和最大值的时间，依次落后 1/3 周期。

上述介绍的只是发电机的模型，实际的发电机比之要复杂得多，但基本结构相同。交流发电机通常有两种：一种是线圈在磁场中转动，称为旋转电枢式发电机；一种是磁铁（多为电磁铁）在线圈中转动，称为旋转磁极式发电机。

问题与练习

1. 方向和大小都不随时间变化的电流叫做＿＿＿＿＿＿＿；方向和大小都随时间做周期变化的电流叫做＿＿＿＿＿＿＿＿。

2. 交流发电机的原理是什么？

3. 线圈在磁场中转动一周，感应电流的方向改变几次？

10.2 表征交流电的物理量

(1) 交流电的变化规律

为了便于对交流电作定量研究，现将图 10-1 改画成图 10-5。图中标 a 的小圆圈表示线圈 ab 边的横截面，标 d 的小圆圈表示 cd 边的横截面。

设线圈平面从中性面开始匀速转动，角速度为 ω。经过时间 t，线圈转过的角度为 $\theta = \omega t$，ab 边的线速度 v 的方向与磁感线的夹角也等于 ωt。设 $ab = cd = L$，磁感应强度为 B，ab 边的感应电动势就是

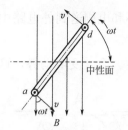

图 10-5　研究交流电物
理量的模型

$$e = BLv\sin\theta$$

由于 cd 中的感应电动势与 ab 中的相同，且两者是串联的，所以这一瞬间整个线圈中的感应电动势大小为

$$e = 2BLv\sin\theta$$

若线圈为 N 匝，则有

$$e = 2NBLv\sin\theta$$

令 $E_m = 2NBLv$，则有

$$e = E_m\sin\omega t$$

上式反映了在匀强磁场中匀速转动的线圈产生感应电动势随时间变化的函数关系，又叫做感应电动势的函数式或瞬时值。式中 E_m 是感应电动势的最大值。

如果线圈是封闭的，可根据欧姆定律求得线圈里的感应电流的函数式。若回路的总电阻为 R，则电流的瞬时值为

$$i = \frac{e}{R} = \frac{E_m}{R}\sin\omega t$$

其中 E_m/R 为电流的最大值，用 I_m 表示，即

$$i = I_m\sin\omega t$$

可见，感生电流也是按正弦规律变化的。此时，电路中某一电阻上的电压瞬时值同样也是按正弦规律变化的，即

$$u = U_m\sin\omega t$$

其中电压的瞬时值 $u = iR'$，电压的最大值 $U_m = I_mR'$，R' 为该段回路的电阻。

这种按正弦规律周期性变化的交流电叫做正弦交流电。交流电的变化规律除了用上述瞬时值数学表达式描述外，也可以用交流电图像描述。如图 10-6 是正弦交流电的电动势 e、电流 i 和电压 u 随时间变化的图像。

正弦交流电是交流电中最简单最基本的一种，在日常生活和生产活动中被广泛地使用。

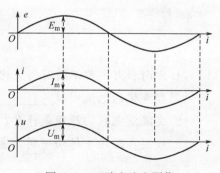

图 10-6　正弦交流电图像

实际应用的交流电中，不限于正弦交流电，它们随时间变化的规律是各种各样的。图 10-7 中给出了几种常见的交流电的波形。

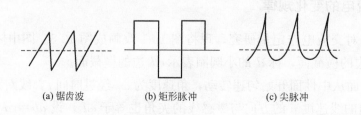

(a) 锯齿波　　　　(b) 矩形脉冲　　　　(c) 尖脉冲

图 10-7　几种常见的交流电的波形图

（2）周期和频率

跟任何周期过程一样，交流电也可用周期或频率来表示变化的快慢。我们把交流电完成一次周期性变化所需的时间，叫做交流电的周期，通常用 T 表示，单位是秒（s）。交流电在 1s 内完成周期性变化的次数，叫做交流电的频率，通常用 f 表示，单位是赫兹（Hz）。

根据定义，周期和频率的关系是

$$T = \frac{1}{f}$$

瞬时表达式中的 ω，对交流电来说，称为角频率。ω 与 T 或 f 的关系为

$$\omega = \frac{2\pi}{T} = 2\pi f$$

交流电周期可以根据角频率求出，即

$$T = \frac{2\pi}{\omega}$$

或直接从交流电图像上读出。

我国工农业生产和生活用的交流电，周期是 0.02s，频率是 50Hz，电流方向每秒钟改变 100 次。

（3）最大值和有效值

交流电的最大值（I_m、U_m）是交流电在一个周期内所能达到的最大数值，可以用来表示交流电的电流强弱或电压高低，在实际中有着重要的意义。例如把电容器接在交流电路中，就需要知道交流电压的最大值。电容器所能承受的电压要高于交流电压的最大值，否则电容器就可能被击穿。但是，交流电的最大值不适合用来表示交流电产生的效果。在实际应用中通常用有效值来表示交流电的大小。

交流电的有效值是根据电流的热效应来规定的。让交流电和直流电通过相同阻值的电阻，如果它们在相同的时间内产生的热量相等，就把这一直流电的数值叫做交流电的有效值。通常用 E、I、U 分别表示交流电的电动势、电流和电压的有效值。

计算表明，正弦交流电的有效值与最大值之间有如下的关系：

$$e = E_m \sin\omega t$$
$$i = I_m \sin\omega t$$
$$u = U_m \sin\omega t$$

人们通常说家庭电路的电压是 220V、动力供电线路电压是 380V，都是指有效值。各种使用交流电的电气设备上所标的额定电压和额定电流的数值。一般交流电流表和交流电压表测量的数值，也都是有效值。

[例 10-1]　已知正弦电动势 $e = 220\sqrt{2}\sin(100\pi t)$，求：

（1）电动势的最大值、有效值；

（2）频率和周期。

分析： 从已知电动势的瞬时值和正弦交流电的瞬时函数式 $e = E_m \sin\omega t$ 比较，即可得到电动势的最大值和角频率，再由有效值的公式及角频率和周期频率的关系，就可得到答案。

解：（1）经比较可得

$$E_m = 220\sqrt{2}\,\text{V}$$

由 $E = \dfrac{E_m}{\sqrt{2}}$，得 $E = \dfrac{220\sqrt{2}}{\sqrt{2}} = 220(\text{V})$

（2）由函数式知

$$\omega = 100\pi = 314(\text{rad/s})$$

由 $\omega = 2\pi f$ 得 $f = \dfrac{\omega}{2\pi} = \dfrac{100\pi}{2\pi} = 50(\text{Hz})$

由 $T = 1/f$ 得 $T = 1/50 = 0.02(\text{s})$

😊 物理万花筒

无处不在的电磁继电器

商场、超市都有自动扶梯（见图 10-8），细心的你是否发现，大多数自动扶梯都有这样的情况：如果上面有人时运行速度较快，如果上面没有人时运行比较缓慢。自动扶梯是如何实现这一功能呢？在没有了解这个原理之前，你可能觉得很复杂。但如果你懂得其中的道理了，你会发现，原来这里面只是一个小小的电磁继器就可以轻松完成任务了！你可能不会相信，好的，来看看这个电路图吧！

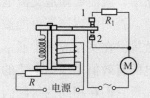

图 10-8　自动扶梯　　　　　图 10-9　自动扶梯工作原理图

如图 10-9 所示，R 是一个压敏电阻（会随它所承受压力的变化而变化的一种电阻），R_1 是一个定值电阻，M 就是带动自动扶梯上下的电动机。当没有人站在自动扶梯上时，压敏电阻 R 的阻值较大，电磁铁的磁性较弱，不能将上面的衔铁吸下来。动触点与上面的触点 1 相接触，电阻 R_1 和 M 组成一个串联电路，使得通过 M 的电流较小而转速较慢。当有人站在电梯上时，压敏电阻 R 的阻值减小，电磁铁的磁性增强，将上面的衔铁吸下来，使得动触点与触点 1 分开，而与下面的触点 2 相连接，这时电路中就只有电动机 M 了，所以通过电动机中电流就会增大，扶梯转动就变快了。

怎么样，你看明白了吗？可见，一个小小的电磁继电器竟然有这么大的本领。其实生活中电磁继电器无处不在。我们再来一起看看生活中电磁继电器的应用吧！

电铃：每天上课、下课，铃声总是那么不知疲倦地准时响起，它忠实地站在自己的岗位上履行着自己的职责，迎来送往着莘莘学子。它又是怎么工作的呢？我们一起来看看吧！

如图10-10是一个直流电铃的电路图。当开关闭合后，电磁铁产生磁性，把衔铁B吸下来，撞击铃碗发声。当B被吸下的瞬间，这个电路又被切断，电磁铁失去磁性，弹片A把衔铁B又拉起来，这时电磁铁的电路又被接通，又有了磁性，再次把衔铁B吸下来。如此周而复始，电铃就能连续发声了。

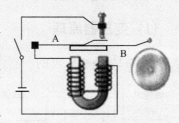

图 10-10　电铃原理图

从这两个例子就能看到，电磁继电器实际上相当于一个控制工作电路通断的一个开关，而这种能够实现自动控制的秘诀就在于电磁铁磁性能时而有时而没有。

生活中一些常见的用电器上也都有电磁继电器的身影，比如电话、扬声器、冰箱等等。我们可以去再找一找生活中用到电磁继电器的地方，可能你会有意想不到的新发现哟！

在工业、农业上电磁继电器的应用还有很多，比如温度自动报警器、锅炉压力自动报警器、自动水位显示器、防汛报警器等等。

问题与练习

1．某用电器两端允许加的最大电压是100V，能否把它接在交流电压是100V的电路里？为什么？

2．有一正弦交流电，电流的有效值是2A，它的最大值是多少？

3．图10-11是一个正弦交流电的电流图像。根据图像求出它的周期、频率和电流的有效值。

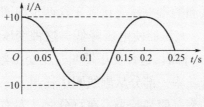

图 10-11　题 3 图

10.3　变压器

在实际应用中，常常需要改变交流电的电压。如电力传输过程中，采用低压传输，传输线路就会消耗许多电能，若使用高压（通常高达几十万伏）传输，就能大大降低消耗。在使用过程中，各种用电设备所需电压也各不相同。为满足不同的要求，就需要有改变电压的设备——变压器。

（1）变压器原理

图 10-12 是变压器的示意图。变压器由铁芯和绕在铁芯上的两个线圈组成。铁芯

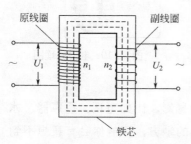

图 10-12　变压器示意图

由涂有绝缘漆的硅钢片叠合而成，线圈用绝缘导线绕制而成。一个线圈和电源相连，叫**原线圈**或**初级线圈**；另一个线圈与负载相连，叫**副线圈**或**次级线圈**。

在原线圈上加交变电压 U_1，原线圈中就有交变电流，该电流产生一个变化的磁场。由于有铁芯的存在，磁场几乎都被封闭在铁芯之中，只有一小部分漏到铁芯之外。因此原线圈中磁通量的变化率和副线圈中磁通量的变化率是相同的。设原线圈的匝数为 n_1，副线圈的匝数为 n_2，穿过铁芯的磁通量为 Φ，则由法拉第电磁感应定律，可得原、副线圈中的感应电动势为

$E_1 = n_1 \dfrac{\Delta \Phi}{\Delta t}$ 和 $E_2 = n_2 \dfrac{\Delta \Phi}{\Delta t}$，两式相比可得

$$\frac{E_1}{E_2} = \frac{n_1}{n_2}$$

在原线圈中，感应电动势 E_1 起阻碍电流变化的作用，跟加在原线圈两端的电压 U_1 的作用相反。若忽略原线圈中的电阻，则有 $U_1 = E_1$。副线圈相当于一个电源，感应电动势 E_2 相当于电源的电动势。由于副线圈中的电阻也很小，若忽略不计，副线圈就相当于无内阻的电源，因而其两端的电压 $U_2 = E_2$，于是有

$$\frac{U_1}{U_2} = \frac{n_1}{n_2}$$

即理想变压器原、副线圈的端电压之比等于这两个线圈的匝数之比。

当 $n_1 > n_2$ 时，$U_1 > U_2$，变压器使电压降低，这种变压器叫降压变压器；$n_1 < n_2$ 时，$U_1 < U_2$，变压器使电压升高，这种变压器叫升压变压器。

变压器工作时，输入的功率一部分从副线圈中输出，一部分消耗在线圈电阻及铁芯的热损耗上。但消耗的功率一般都较小，在百分之几左右，特别是大型变压器的效率可达 97%～99%。所以一般的变压器可近似认为是理想的，其输入功率 $U_1 I_1$ 和输

出功率 $U_2 I_2$ 相等，即

$$U_1 I_1 = U_2 I_2$$

将电压和匝数的关系式代入，可得

$$\frac{I_1}{I_2} = \frac{n_2}{n_1}$$

由上式知，变压器工作时，原线圈和副线圈中的电流跟它们的匝数成反比。通常变压器的高压线圈匝数多而通过的电流小，可用较细的导线绕制；低压线圈匝数少而通过的电流大，就用较粗的导线绕制。

变压器的种类很多，下面介绍几种常见的变压器。

（2）自耦变压器

图 10-13 为自耦变压器的示意图。这种变压器的特点是铁芯上只绕一个线圈。如果将整个线圈作为原线圈，副线圈只取线圈的一部分，就可以降压，如图 10-13（a）所示；如果将线圈的一部分作为原线圈，整个线圈作为副线圈，就可以升压，如图 10-13（b）所示。

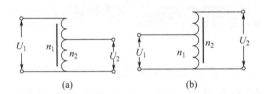

(a)   (b)

图 10-13　自耦变压器示意图

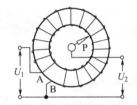

图 10-14　调压变压器示意图

（3）调压变压器

图 10-14 是调压变压器的示意图。线圈 AB 绕在一个圆环形的铁芯上，AB 之间加上输入电压 U_1，P 为一滑动触头，沿线圈滑动可改变副线圈的匝数，从而平滑地调节输出电压 U_2。U_2 的调节范围从 $0 \sim U_1$。由于这种调压器在调节过程中，滑动触点会出现火花，故只限于容量几十千伏安、电压几百伏的场合使用。

 物理万花筒

磁流体发电技术

磁流体发电也叫等离子体发电，是利用导电的流体通过磁场进行发电的。这种发电系统由燃烧室、发电通道和磁体三个主要部分组成。其发电过程是：将燃料和氧化剂送入燃烧室燃烧，并在其中加上适量易于电离的添加剂（如钾、铯等碱金属元素），形成大量的自由电子和阳离子，即具有一定导电性能的等离子体。燃气经由喷嘴加速喷出，穿过置于磁场两极之间的发电通道，运动的正负电荷在磁场作用下发生偏转，使磁场中的两块金属极板上积蓄电荷，从而产生电压。用导线引至负载，闭合电路就会有电流产生。如果燃气的流速和磁场恒定，电极就能向外电路提供稳定的直流电流。由于发电通道出口燃气的温度仍然较高，能够用来在锅炉中产

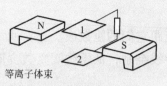

等离子体束

图 10-15　磁流体发电原理图

生高温高压蒸汽，推动汽轮机发电，因此许多国家都着眼于建立磁流体-蒸汽轮机联合发电装置，这样可以充分利用燃料的能量，其效率比涡轮机发电高 30% ~ 60%，如图 10-15 所示。

1959 年，美国阿伏柯公司制造出世界上第一台磁流体发电机组，功率只有 11.5 千瓦。我国的磁流体发电起步于上个世纪六十年代，现在有所突破，但还处于小容量试验阶段。当前，在磁流体发电技术中，等离子体的取得依赖于上千度的高温，这将使发电系统各部分都增加了不少设施。如何获得低温导电的流体，已成为人们研究的重点课题。科学家们乐观地指出，新型大功率低温磁流体发电机的问世已为时不远了。

问题与练习

1. 变压器改变的是什么电压？能否利用变压器改变直流电压？

2. 一变压器原线圈 800 匝，接到 220V 的交流电路中，想从副线圈中获得 55V 的电压，问副线圈需要绕多少匝？

3. 降压变压器的原线圈和副线圈中，哪个应用较粗的导线绕制？升压变压器中又是如何？

4. 交流电的最大值和有效值有何关系？我们通常所说的交流电的数值是什么值？

5. 变压器可以升高电压，是否也能增加输出功率？

本章小结

本章主要介绍交变电流的产生、特点，表征交变电流的物理量等概念。通过本章学习，要求了解交变电流的产生，掌握正弦交变电流周期和频率、有效值和最大值的关系，了解变压器的原理。

一、交变电流

大小和方向都随时间做周期性变化的电流叫交变电流，简称交流电。

1. 交流电的变化规律

对正弦交流电而言，感应电动势、感应电流和某一电阻上的电压瞬时值为

$$e = E_m \sin\omega t$$

$$i = I_m \sin\omega t$$

$$u = U_m \sin\omega t$$

2.交流电的周期和频率

交流电完成一次周期性变化所需时间，叫做交流电的周期；交流电在 1s 内完成周期性变化的次数，叫做交流电的频率。

周期和频率的关系是

$$T = \frac{1}{f}$$

3.最大值和有效值

交流电在一个周期内所能达到的最大数值，叫交流电的最大值。在瞬时值中的 E_m、I_m 和 U_m 分别叫感应电动势、感应电流和电压的最大值。

让交流电和直流电通过相同阻值的电阻，如果它们在相同的时间内产生的热量相等，就把这一直流电的数值叫做这一交流电的有效值。

计算表明，正弦交流电的有效值与最大值之间有如下的关系：

$$E = \frac{E_m}{\sqrt{2}} = 0.707E_m$$

$$I = \frac{I_m}{\sqrt{2}} = 0.707I_m$$

$$U = \frac{U_m}{\sqrt{2}} = 0.707U_m$$

二、变压器

对理想的变压器而言，原线圈和副线圈中电压、电流的关系为

$$\frac{U_1}{U_2} = \frac{n_1}{n_2}$$

$$\frac{I_1}{I_2} = \frac{n_2}{n_1}$$

课后达标检测

一、选择题

1.如图 10-16 所示，能正确表达磁场、电流和磁场力三者关系的是（　　）。

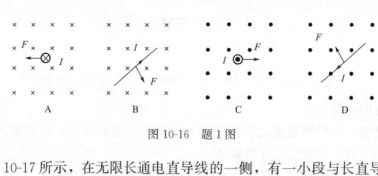

图 10-16　题 1 图

2.如图 10-17 所示，在无限长通电直导线的一侧，有一小段与长直导线共面的直线电流 CD，则 CD 的运动情况是（　　）。

图 10-17　题 2 图

A. 朝上平动　　　　　　　　B. 朝下平动

C. 既平动又转动，然后离开长直导线

D. 既平动又转动，然后靠近长直导线

3.两根平行同向的直线电流之间（　　）。

A. 相互吸引　　　　　　　　B. 相互排斥

C. 没有作用　　　　　　　　D. 无法确定

4.一个电荷只在磁场的作用下，不可能做的运动是（　　）。

A. 匀速直线运动　　　　　　B. 匀速率曲线运动

C. 匀变速运动　　　　　　　D. 变加速曲线运动

5.如图 10-18 所示，一矩形线圈置于匀强磁场中，若要产生感生电流，应该（　　）。

A. 沿垂直磁场方向平动　　　B. 沿磁感线方向平动

C. 在纸面内绕中心转动　　　D. 沿竖直边 ab 转动

图 10-18　题 5 图

6.穿过一个单匝线圈的磁通量每秒均匀减少 4Wb，则下列说法正确的是（　　）。

A. 线圈中的感应电动势不变

B. 线圈中的感应电动势一定增加或减少了 4V

C. 线圈中的感应电动势一定每秒均匀增加或减少了 4V

D. 线圈中的感应电动势与回路电阻有关

二、填空题

1.把一个面积为 $5×10^{-2} m^2$ 单匝线圈放在磁感应强度为 0.2T 的匀强磁场中，当线圈与磁场垂直时，穿过线圈的磁通量为_____。

2.如图 10-19 所示，线圈 M、P 同轴。当开关 S 闭合时，线圈 P 中的感应电流方向为_____。

3.某一电路中电压的瞬时值为 $U=311\sin100\pi t$，则其有效值为_____，交流电的频率为_____。

4.氢核及其同位素氚核，以相同的速度沿垂直于磁场的方向进入匀强磁场。则两者所受的洛伦兹力之比为_____，运动的轨道半径之比为_____，运动的周期之比为_____。

5．一个 50 匝的线圈，其中的磁通量在 0.01s 内由 0.2Wb 减小到零，则线圈中产生的感应电动势为_____。

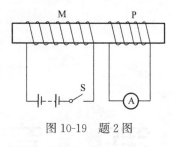

6．有一正弦交流电，电压的有效值为 380V，它的最大值是_____。

图 10-19　题 2 图

7．频率为 50Hz 的交流电的周期为_____，角频率为_____。

8．对一理想的升压变压器而言，输出电压_____输入电压，输出电流_____输入电流。

三、计算题

1．在磁感应强度为 0.5T 的匀强磁场中，有一根与磁场方向垂直，长为 0.2m 的直导线。当导线中通以 2A 的电流时，安培力的大小是多少？

2．在有效值为 220V 的交流电路中，接入 50Ω 的电阻，则电流的有效值和最大值各为多少？这时电阻消耗的功率是多少？

3．一台发电机产生的感应电动势最大值为 250V，若回路只有一阻值为 100Ω 的电阻元件，忽略其他电阻，求电阻消耗的功率。

4．如图 10-20 所示，金属可动边 ab 长 $L=0.1$m，磁感应强度 $B=0.5$T，$R=2Ω$。

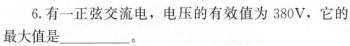

当 ab 在外力作用下以 $v=10$m/s 向右匀速运动时，回路其他电阻忽略不计，求：

（1）回路中感应电流的大小和方向；

（2）外力做功的功率；

（3）回路消耗的电功率。

图 10-20　题 4 图

5．一台发电机产生的正弦交流电的电动势最大值是 400V，线圈匀速转动的角速度为 314rad/s，试写出电动势瞬时值的表达式，并求出电动势的有效值。

第**11**章

安全用电

▶ 11.1　电流对人体的危害

（1）电击和电伤

触电是指当人体接触或接近带电体时电流流过人体，引起人体局部受伤或死亡的现象。电流对人体的伤害有电击与电伤两种。

电击是指电流通过人体，造成人体内部组织的反应和病变，使人出现刺疼、灼热、痉挛、麻痹、昏迷、心室颤动或停跳、呼吸困难或停止等现象。

电伤是指电流对人体外部造成的局部伤害，包括电灼伤、电烙印、皮肤金属化等。

其中电灼伤有接触灼伤和电弧灼伤两种情况。接触灼伤发生在高压触电时电流通过人体皮肤的进出口处，伤及人体组织深层，伤口难以愈合。电弧灼伤发生在短路或高压电弧放电时，像火焰一样把皮肤烧伤或烧坏，同时还会对眼睛造成严重损害。

电烙印是指发生在人体与带电体有良好接触的情况下，在皮肤表面留下和被接触带电体形状相似的肿块痕迹，往往造成局部麻木和失去知觉。

皮肤金属化是由于电弧的温度极高（中心温度可达 6000℃ 以上），使得其周围的金属熔化、蒸发并飞溅到皮肤表层而使皮肤金属化。

（2）触电的危害程度

电流对人体的伤害程度与通过人体电流的大小、持续的时间、电流的频率、通过人体的部位及触电者的身体状况等因素有关。

① 触电电流越大，对人体的伤害也越大。通过人体的电流大小与作用于人体的电压和人体电阻有关。人体电阻包括体内电阻和皮肤电阻，体内电阻较小（约500Ω）且基本不变。皮肤电阻与接触电压、接触面积、接触压力、皮肤表面状况（干湿程度、有无损伤、是否出汗、有无导电粉尘、皮肤表层角质的厚薄）等有关，且为非线性，可在几十到几万欧之间。当触电者因神经收缩而紧握带电体时，接触面积和接触压力都将增大，其触电危险也将增加。

② 触电时间越长，触电危害越大。

③ 50Hz工频电流对人体的伤害程度最为严重。随着电流频率的增高，危险性将降低。直流电流对人体的伤害程度较轻，高频电流还可用于临床医疗（但若电压过高、电流过大仍可致人死亡）。

④ 电流通过人体的任何部位都可致人死亡，但以通过心脏、中枢神经（脑、脊髓）、呼吸系统最为危险。电流流经左手至前胸最危险，危害程度依次减小的其他触电路径是右手至脚、右手至左手、左脚至右脚。当触电电流流经脚部时，触电者可能因痉挛而摔倒，导致电流通过全身或发生二次事故。

⑤ 触电者的伤害程度还与其性别、年龄、健康状况、精神状态等有关。若触电者本人的精神状态不良、心情忧郁、人弱体衰、自身的抵抗力低下，则触电的伤害程度较之健康者更严重。另外，相对于男性青壮年，妇女、儿童、老人及体重较轻者对耐受电流刺激的能力要弱一些。

（3）触电原因

① 缺乏安全用电知识。例如把普通220V台灯移到浴室照明；用湿手去开关电灯；发现有人触电时，不是及时切断电源或用绝缘物使触电者脱离电源，而是用手去拉触电者。

② 思想麻痹、违章冒险。明知在某些情况下不准带电操作，而冒险带电操作。

③ 意外触电。例如输电线或用电设备绝缘损坏，当人体无意触摸绝缘损坏的通电导线或带电金属体时发生触电事故。

统计表明，夏、秋季为触电事故的高发季节。这是因为夏季人们使用的电气设备多，同时夏、秋季湿度大、气温高，人们穿着较少，体汗较多，人体电阻较小，所造成的触电机会较多、触电危害较大。

（4）人体触电方式

人体触电方式，主要分为：单相触电、两相触电、跨步电压触电和接触电压触电4种。

① 单相触电是指人体站在地面或其他接地体上，人体的某一部位触及电气装置的任一相所引起的触电，这时电流就通过人体流入大地而造成单相触电事故，如图 11-1 所示。

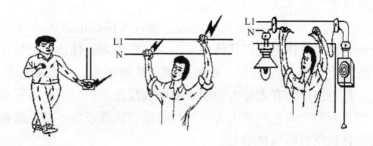

图 11-1　接地系统中的单相触电

② 两相触电是指人体同时触及两相电源或两相带电体，电流由一相经人体流入另一相时，加在人体上的最大电压为线电压，其危险性最大。两相触电如图 11-2 所示。

③ 跨步电压触电是指对于外壳接地的电气设备，当绝缘损坏而使外壳带电，或导线断落发生单相接地故障时，电流由设备外壳经接地线、接地体（或由断落导线经接地点）流入大地，向四周扩散。如果此时人站立在设备附近地面上，两脚之间也会承受一定的电压，称为跨步电压。跨步电压的大小与接地电流、土壤电阻率、设备接地电阻及人体位置有关。当接地电流较大时，跨步电压会超过允许值，发生人身触电事故。特别是在发生高压接地故障或雷击时，会产生很高的跨步电压，如图 11-3 所示。跨步电压触电也是危险性较大的一种触电方式。

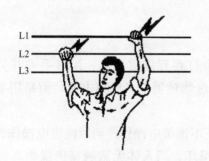

图 11-2　两相触电

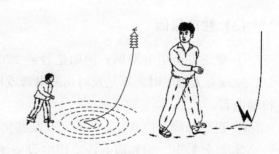

图 11-3　跨步电压触电

注意：发生跨步电压触电时，应单腿或并步蹦着离开高压线触地点，千万注意不可跌倒。

④ 接触电压触电是指运行中的电气设备由于绝缘损坏或其他原因造成漏电，当人触及漏电设备时，电流通过人体和大地形成回路，造成触电事故，这称为接触电压触电。

除上述触电方式外，高压电场、电磁感应电压、高频电磁场、静电、雷电等对人体也有伤害，并可能造成触电危险。

11.2 防止触电的安全措施

安全用电的原则是：不接触低压带电体，不接近高压带电体。同时，采取必要的安全措施，以防触电事故的发生。

(1) 安全电压、安全距离、屏护及安全标志

触电时，人体所承受的电压越低通过人体的电流就越小，触电伤害就越轻。当低到一定值以后，对人体就不会造成伤害。在不带任何防护设备的条件下，当人体接触带电体时，对各部分组织均不会造成伤害的电压值，叫做安全电压。

我国及 IEC（国际电工委员会）都对安全电压的上限值进行了规定，即工频下安全电压的上限值为 50V，其电压等级有 42V、36V、24V、12V、6V。同时规定：高度不足 2.5m 的照明装置、机床局部照明灯具、移动行灯等，其安全电压可采用 36V；工作地点狭窄、工作人员活动困难、金属构架或容器内以及特别潮湿的场所，则应采用 12V 安全电压。

安全电压必须由双绕组变压器获得，而不能取自自耦变压器；工作在安全电压下的电路，必须与其他系统隔离，不得同管敷设；安全变压器的铁芯、外壳均应接地。

为防止带电体之间、带电体与地面之间、带电体与其他设施之间、带电体与工作人员之间，因距离不远而在其间发生电弧放电现象引起电击或电伤事故，规定其间必须保持的最小间隙，即安全距离或安全间距。

屏护是指将带电体间隔起来，以有效地防止人体触及或靠近带电体，特别是当带电体无明显标志时。常用的屏护方式有遮栏（适用于室内高压配电装置，底部距地不应大于 0.1m，若是金属遮栏，还应接地）、栅栏（适用于室外配电装置，高度不应低于 1.5m）、围墙（不应低于 2.5m）和保护网。

设置屏护装置时，其本身与带电体间的距离应符合安全距离的要求并配以明显的标志；同时，还应符合防风、防火要求并具有足够的机械强度和稳定性。

标志是保证安全用电的一项重要的防护措施。在有触电危险或容易产生误判断、误操作的地方，以及存在不安全因素的场所，都应设立醒目的文字或图形标志，以便人们识别并引起警惕。

标志的设置，要求简明扼要、色彩醒目、图形清晰、便于管理、标准统一或符合传统习惯。标志可分为识别性和警戒性两大类，分别用文字、图形、颜色、编号等手段构成。

安全色标的意义如表 11-1 所示，导体或极性的标志如表 11-2 所示。

表 11-1　安全色标的意义

色标	含　义	举　例
红色	停止、禁止、消防	如停止按钮、灭火器、仪表运行极限
黄色	注意、警告	如"当心触电"、"注意安全"
绿色	安全、通过、允许、工作	如"在此工作"、"已接地"
黑色	警告	多用于文字、图形、符号
蓝色	强制执行	如"必须戴安全帽"

表 11-2　导体色标

类别	交流电路				直流电路		接地线
	L1	L2	L3	N	正极	负极	
色标	黄	绿	红	淡蓝	棕	蓝	绿/黄双色线

若因检修等原因将开关断开后，应在开关的操作把手上悬挂"禁止合闸，有人工作"的标示牌以防发生误合闸事故；在高压带电体旁，应悬挂"止步，高压危险"的标示牌以警示人们；在上下通道或工作场所的入口处，悬挂"从此上下"的标示牌以表示安全和允许。标示牌在使用过程中，严禁拆除、移动、变更。

（2）保护接地和保护接零

保护接地是指将正常情况下不带电的电气设备的金属外壳或构架与大地做良好连接，如图 11-4 所示。

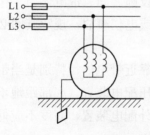

图 11-4　保护接地

保护接地适用于各种不接地电网，其所构成的系统称之为 IT 系统（I 表示配电网不接地，T 表示电气设备金属外壳接地）。

当人体触及漏电的电气设备的外壳时，因金属外壳已与大地做良好的连接，其接地电阻较之人体电阻小很多（在低压系统中，当电源容量小于 100kV·A 时，接地电阻不应超过 10Ω；当电源容量大于 100kV·A 时，接地电阻不应超过 4Ω），则漏电电流几乎全部流经接地线，从而保证了人身安全。

在接地系统中，采用保护接地是不能起到防护作用的，必须采用保护接零，此时所构成的系统称为 TN 系统（T 表示电网中性点直接接地，N 表示电气设备的金属外壳接零线）。

保护接零是指将正常情况下不带电的电气设备的金属外壳或构架与零线做良好连接，如图 11-5 所示。

当一相电源触及设备的外壳时，便引起该相短路，极大的短路电流使得系统中的保护装置动作（如熔断器熔断、断路器跳闸等），从而切断电源，防止触电事故的发生。

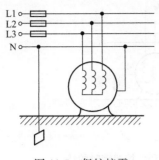

图 11-5 保护接零

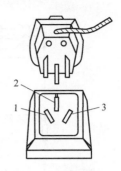

图 11-6 三脚插头和三孔插座

1—零线；2—保护零线或地线；3—火线

图 11-6 所示为三脚插头和三孔插座的接线方法，图 11-7 所示为单相电气设备保护接零的正确接法，图 11-8 所示为保护接零的错误接法。

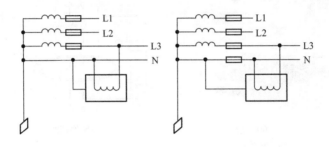

(a) 零线上无熔断器　　　(b) 零线上有熔断器

图 11-7 单相电气设备保护接零的正确接法

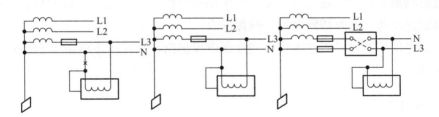

图 11-8 单相电气设备保护接零的错误接法

注意：在同一供电线路中，不允许一部分设备采用保护接地而另一部分设备采用保护接零。在图 11-9 所示系统中，当接地设备一相碰触外壳而其保护装置又没有动作时，零线电位将升高到 $U_相/2$，从而使得与零线相连接的所有电气设备的金属外壳都带上危险的电压。

(3) 漏电保护

漏电保护已广泛地应用于低压配电系统中。当电气设备（或线路）发生漏电或接地故障时，保护装置能在人尚未触及之前就将电源切断；当人体触及带电体时，能在极短（0.1s）的时间内切断电源，从而减轻电流对人体的伤害程度。

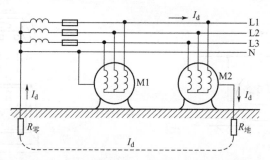

图 11-9 同一供电系统中同时采用保护接地和保护接零时的情况

漏电保护器有电压型和电流型两大类，其中电流型应用最为广泛。图 11-10(a) 所示为漏电保护器的外形，图 11-10(b) 所示为漏电保护器的原理图。

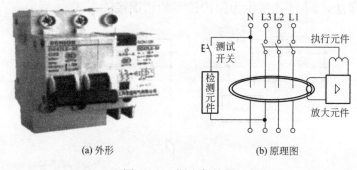

(a) 外形   (b) 原理图

图 11-10 漏电保护器

正常情况下，互感器铁芯中合成磁场为零，说明无漏电现象，执行机构不动作；当发生漏电现象时，合成磁场不为零并产生感应电压，感应电压经放大后驱动执行元件并使其快速动作，从而切断电源，确保安全。

安装漏电保护器时，工作零线必须接漏电保护器，而保护零线或保护地线不得接漏电保护器。

(4) 其他防护措施

① 安装照明电路时，火线必须进开关。当开关处于分断状态时，用电器就不带电。另外，安装螺口灯座时，火线要与灯座中心的簧片连接，不允许与螺纹相连。

② 导线通过电流时，不允许过热，所以导线的额定电流应比实际输电的电流要大些，并且应根据使用环境和负载性质合理选择安全裕度。熔丝是用作保护的，电路发生短路或过载时应能按要求迅速熔断，所以不能选额定电流很大的熔丝来保护小电流电路，更不允许以普通导线代替熔丝。

③ 日常生产、生活中产生静电的情况很多，例如：皮带运输机运行时，皮带轮摩擦起电；物料粉碎、碾压、搅拌、挤出等加工过程中的摩擦起电；在金属管道中输送液体或用气流输送粉体物料等都可能产生静电。静电的危害主要是静电放电引起周围易燃易爆的液体、气体或粉尘起火乃至爆炸；还可能使人遭受电击。一般情况下，

静电能量不大，所引起的触电不至于造成人员死亡，但可能引起跌倒等二次伤害。消除静电的最基本方法是将可能带静电的物体用导线连接起来接地。

④ 雷云在形成的过程中，由于摩擦等原因，累积起大量的电荷（正或负电荷），产生很高的对地电压。当带有异性电荷的雷云接近到一定程度，或雷云距离树梢、建筑物顶等较近时，便会击穿空气而发生强烈的放电，并伴随着出现高温、高热、耀眼的弧光和震耳的轰鸣等现象，即雷电现象。

防雷的基本思想是疏导，即设法将雷电流导引入地。常用的防雷装置有避雷针、避雷线、避雷网、避雷带和避雷器等，与接地装置一起构成完整的防雷系统。避雷针普遍用于建筑物及露天的电力设施，利用尖端放电原理，保护高大的、凸出的、孤立的建筑物或设施；避雷线主要用于电力线路的防雷保护（这时的避雷线又叫架空地线）；避雷网和避雷带主要用于建筑物的防雷保护，安装于屋角、屋脊等易受雷击的凸出部位；避雷器安装于变配电设备或线路中，以防雷击时所产生的数十万伏的感应过电压顺电力线路以冲击波的形式侵入室内，使设备的绝缘发生闪络或击穿。

发生雷电时，应避免接触或接近高处的金属物体或与之相连的金属物体或防雷接地装置；不要在河边、洼地停留；不要露天游泳；尽量不要外出走动，尤其不要站在高大的树木下，也不要站在高处；如在野外无合适场所避雨时，可双脚并拢蹲下；严禁在室外变电所进户线上作业；不要接听手机，更不应手持金属物件；使用室外天线的用户，应装避雷器或防雷用的转换开关，以防"引雷入室"。

⑤ 电气火灾和爆炸与其他原因导致的火灾和爆炸相比，具有更大的灾难性。因为电气火灾和爆炸除造成财产损坏、建筑物破坏、人员伤亡外，还将造成大范围、长时间的停电。同时，由于存在触电的危险，使得电火灾和爆炸的扑救更加困难。

几乎所有的电气故障都可能导致电气火灾。一般认为，引发电气火灾和爆炸的原因主要有以下几点：一是电气线路或设备过热，比如短路、过载、铁损过大、接触不良、机械摩擦、通风散热条件恶化等；二是电火花或电弧，比如短路故障、接地故障、绝缘子闪络、接头松脱、炭刷冒火、过电压放电、熔体熔断、开关操作、继电器触点开闭等都可能产生电火花和电弧；三是静电放电；四是电热和照明设备在使用时不注意安全要求。

发生火灾和爆炸必须同时具备两个条件：一是足够数量和浓度的可燃易爆物；二是有引燃或引爆的能源。鉴于此，电气防火防爆的主要措施有：排除可燃易爆物资，如保持良好通风、加强易燃易爆物品的管理；排除电气火源，如将正常运行时会产生火花、电弧和危险高温的非防爆电气装置安装在危险场所之外，在危险场所尽量不用或少用携带式电气设备，确需使用的，严格按规范安装和使用，并符合防火防爆要求；加强电气设备自身的防火防爆措施，如导线的安全载流量要合适，保持绝缘良好，防止误操作；通过接地、增湿、屏蔽、中和等措施消除或防止静电。

⑥ 其他安全用电常识。电气设备的绝缘电阻要勤检测，尤其是移动的电气设备，

使用前要查看其绝缘是否良好。任何电气设备在未确认没有电以前，应一律视为有电，不要随便触及。尽量避免带电操作，确需带电操作时，应做好防护措施并配有监护人。使用电烙铁、电熨斗、电吹风、电炉等电热器具时，人不要离开并防烫伤；广播、电话、电视、网络等"弱电"线路要与照明、动力、取暖、制冷等"强电"线路分开敷设，以防"强电"窜入"弱电"；不准乱拉乱接，禁止使用"一线一地"的安装方式；不盲目信赖开关或控制装置，只有拔下电器电源插头才是最安全的。

▶ 11.3 触电急救

　　人触电以后，不能自行摆脱电源。触电急救最关键的因素是根据患者的现象首先能判断出发生了触电事故，然后按照适当的方法进行及时抢救。施救时应先切断电源，假如判断不正确当作生病抢救，施救者也容易发生触电事故。

　　（1）对于低压触电事故，可采用下列方法使触电者脱离电源

　　如图 11-11 所示。

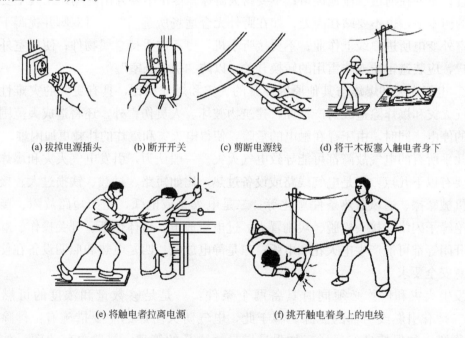

(a) 拔掉电源插头　　　(b) 断开开关　　　(c) 剪断电源线　　　(d) 将干木板塞入触电者身下

(e) 将触电者拉离电源　　　　　(f) 挑开触电着身上的电线

图 11-11　使触电者脱离电源的方法

　　① 立即拔掉电源插头或断开触电地点附近开关。

　　② 电源开关远离触电地点，可用有绝缘柄的电工钳或干燥木柄的斧头分相切断电线（不可同时剪两根线，以免造成短路）；或将干木板等绝缘物塞入触电者身下，以隔断电流。

　　③ 电线搭落在触电者身上或被压在身下时，可用干燥的衣服、手套、绳索、木

板、木棒等绝缘物作为工具，拉开触电者或挑开电线，使触电者脱离电源。

（2）对于高压触电事故，可以采用下列方法使触电者脱离电源

① 立即通知有关部门停电。

② 戴上绝缘手套，穿上绝缘靴，用相应电压等级的绝缘工具断开电源。

③ 将裸金属线的一端可靠接地，另一端抛掷在线路上造成短路，迫使保护装置动作切断电源。

（3）脱离电源后的注意事项

① 救护人员不可以直接用手或其他金属及潮湿的物件作为救护工具，必须采用适当的绝缘工具且单手操作，以防止自身触电。

② 防止触电者脱离电源后可能造成的摔伤。

③ 如果触电事故发生在夜间，应当迅速解决临时照明问题，以利于抢救，并避免扩大事故。

（4）触电急救方法

当触电者出现有心跳但无呼吸的现象时，应采取人工呼吸的方法进行施救，其中口对口人工呼吸法较为常见，实施步骤如图 11-12 所示。

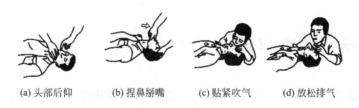

(a) 头部后仰　　(b) 捏鼻掰嘴　　(c) 贴紧吹气　　(d) 放松排气

图 11-12　口对口人工呼吸法四步骤

口对口人工呼吸法的要诀是：病人仰卧平地上，鼻孔朝天颈后仰；首先清理口鼻腔，然后松扣解衣裳；捏鼻吹气要适量，排气应让口鼻畅；吹二秒来停三秒，五秒一次最恰当。

注意：

① 当触电者牙关紧闭无法张嘴时，可改为口对鼻人工呼吸法。

② 对儿童采用人工呼吸法，不必捏紧鼻子，吹气速度也应平稳些，以免肺泡破裂。

当触电者有呼吸但无心跳时，应采用胸外心脏压挤法进行救护，实施步骤如图 11-13 所示。

胸外心脏压挤法的要诀是：病人仰卧硬地上，松开领扣解衣裳；当胸放掌不鲁莽，中指应该对凹膛；掌根用力向下按，压下一寸至寸半；压力轻重要适当，过分用力会压伤。

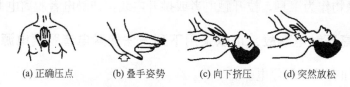

(a) 正确压点　　(b) 叠手姿势　　(c) 向下挤压　　(d) 突然放松

图 11-13　胸外心脏压挤法四步骤

触电者呼吸和心跳都停止时，可交替使用或同时使用"口对口人工呼吸法"和"胸外心脏压挤法"，如图 11-14 所示。可单人操作，也可双人操作。双人救护时，每 5s 吹气 1 次，每秒钟挤压 1 次，两人同时进行操作。单人救护时，可先吹气 2～3 次，再挤压 10～15 次，交替进行。

(a) 口对口人工呼吸法　　(b) 胸外心脏压挤法　　(c) 呼吸法和压挤法同时救护

图 11-14　触电急救

在对触电者进行施救的过程中，要做到"迅速、就地、准确、坚持"，即使在送往医院的途中也不可中断救护，更不可盲目给假死者注射强心针。

11.4　安全用电常识

（1）每个家庭必须具备一些必要的电工器具，如验电笔、螺丝刀、钢丝钳等，还必须具备适合家用电器使用的各种规格的保险丝具和保险丝。

（2）每户家用电表前必须装有总保险，电表后应装有总刀闸和漏电保护开关。

（3）任何情况下严禁用铜丝、铁丝代替保险丝。保险丝的大小一定要与用电容量匹配。更换保险丝时要拔下瓷盒盖更换，不得直接在瓷盒内搭接保险丝，不得在带电情况下（未拉开刀闸）更换保险丝。

（4）烧断保险丝或漏电开关动作后，必须查明原因才能再合上开关电源。任何情况下不得用导线将保险短接或者压住漏电开关跳闸机构强行送电。

（5）购买家用电器时应认真查看产品说明书的技术参数（如频率、电压等）是否符合本地用电要求。要清楚耗电功率多少、家庭已有的供电能力是否满足要求，特别是配线容量、插头、插座、保险丝具、电表是否满足要求。

（6）当家用配电设备不能满足家用电器容量要求时，应予更换改造，严禁凑合使用。否则超负荷运行会损坏电气设备，还可能引起电气火灾。

（7）购买家用电器还应了解其绝缘性能：是一般绝缘、加强绝缘还是双重绝缘。如果是靠接地做漏电保护的，则接地线必不可少。即使是加强绝缘或双重绝缘的电气设备，做保护接地或保护接零亦有好处。

（8）带有电动机类的家用电器（如电风扇等），还应了解耐热水平，是否长时间连续运行。要注意家用电器的散热条件。

（9）安装家用电器前应查看产品说明书对安装环境的要求，特别注意在可能的条件下，不要把家用电器安装在湿热、灰尘多或有易燃、易爆、腐蚀性气体的环境中。

（10）在敷设室内配线时，相线、零线应标志明晰，并与家用电器接线保持一致，不得互相接错。

（11）家用电器与电源连接，必须采用可开断的开关或插接头，禁止将导线直接插入插座孔。

（12）凡要求有保护接地或保安接零的家用电器，都应采用三脚插头和三眼插座，不得用双脚插头和双眼插座代用，造成接地（或接零）线空档。

（13）家庭配线中间最好没有接头。必须有接头时应接触牢固并用绝缘胶布缠绕，或者用瓷接线盒。禁止用医用胶布代替电工胶布包扎接头。

（14）导线与开关、刀闸、保险盒、灯头等的连接应牢固可靠，接触良好。多股软铜线接头应拧绞合后再放到接头螺钉垫片下，防止细股线散开碰另一接头上造成短路。

（15）家庭配线不得直接敷设在易燃的建筑材料上面，如需在木料上布线必须使用瓷珠或瓷夹子；穿越木板必须使用瓷套管。不得使用易燃塑料和其他的易燃材料作为装饰用料。

（16）接地或接零线虽然正常时不带电，但断线后如遇漏电会使全电器外壳带电；如遇短路，接地线亦通过大电流。为保安全，接地（接零）线规格应不小于相导线，在其上不得装开关或保险丝，也不得有接头。

（17）接地线不得接在自来水管上（因为现在自来水管接头堵漏用的都是绝缘带，没有接地效果）；不得接在煤气管上（以防电火花引起煤气爆炸）；不得接在电话线的地线上（以防强电窜弱电）；也不得接在避雷线的引下线上（以防雷电时反击）。

（18）所有的开关、刀闸、保险盒都必须有盖。胶木盖板老化、残缺不全者必须更换。脏污受潮者必须停电擦抹干净后才能使用。

（19）电源线不要拖放在地面上，以防电源线绊人，并防止损坏绝缘。

（20）家用电器试用前应对照说明书，将所有开关、按钮都置于原始停机位置，然后按说明书要求的开停操作顺序操作。如果有运动部件如摇头风扇，应事先考虑足够的运动空间。

（21）家用电器通电后发现冒火花、冒烟或有烧焦味等异常情况时，应立即停机并切断电源，进行检查。

（22）移动家用电器时一定要切断电源，以防触电。

（23）发热电器周围必须远离易燃物料。电炉子、取暖炉、电熨斗等发热电器不得直接搁在木板上，以免引起火灾。

（24）禁止用湿手接触带电的开关；禁止用湿手拔、插电源插头；拔、插电源插头时手指不得接触触头的金属部分，也不能用湿手更换电气元件或灯泡。

（25）对于经常手拿使用的家用电器（如电吹风、电烙铁等），切忌将电线缠绕在手上使用。

（26）对于接触人体的家用电器，如电热毯、电油帽、电热足鞋等，使用前应通电试验检查，确无漏电后才接触人体。

（27）禁止用拖导线的方法来移动家用电器；禁止用拖导线的方法来拔插头。

（28）使用家用电器时，先插上不带电侧的插座，最后才合上刀闸或插上带电侧插座；停用家用电器则相反，先拉开带电侧刀闸或拔出带电侧插座，然后才拔出不带电侧的插座（如果需要拔出话）。

（29）紧急情况需要切断电源导线时，必须用绝缘电工钳或带绝缘手柄的刀具。

（30）抢救触电人员时，首先要断开电源或用木板、绝缘杆挑开电源线，千万不要用手直接拖拉触电人员，以免连环触电。

（31）家用电器除电冰箱这类电器外，都要随手关掉电源特别是电热类电器，要防止长时间发热造成火灾。

（32）严禁使用床开关。除电热毯外，不要把带电的电气设备引上床，靠近睡眠的人体。即使使用电热毯，如果没有必要整夜通电保暖，建议发热后断电使用，以保安全。

（33）家用电器烧焦、冒烟、着火，必须立即断开电源，切不可用水或泡沫灭火器浇喷。

（34）对室内配线和电气设备要定期进行绝缘检查，发现破损要及时用电工胶布包缠。

（35）在雨季前或长时间不用又重新使用的家用电器，用500V摇表测量其绝缘电阻应不低于1MΩ，方可认为绝缘良好，可正常使用。如无摇表，至少也应用验电笔经常检查有无漏电现象。

（36）对经常使用的家用电器，应保持其干燥和清洁，不要用汽油、酒精、肥皂水、去污粉等带腐蚀或导电的液体擦抹家用电器表面。

（37）家用电器损坏后要请专业人员或送修理店修理，严禁非专业人员在带电情况下打开家用电器外壳。

☺ **物理万花筒**

雷电现象和避雷针的发明

雷电是大气中一种剧烈的放电现象。由于云层相互摩擦、碰撞而使不同的云层带不同的电，当电压达到可以穿过空气的程度以后，临近的两片云层会发生放电现象，产生电花和巨大的响声。放电时的电流可达几万安到十几万安，产生很强的光和声。放电如果通过人体，能够立即致人死亡，如果通过树木、建筑物，巨大的热量和空气的振动都会使它们受到严重的破坏。

　　避雷针是一种防止直接雷击的装置。它的作用是将高空的雷电引向自身，使之泻入大地，从而保护周围的建筑物。实际上，避雷针在我国出现最早，据《谷梁传》《左传》《淮南子》等著作记载，在我国南北朝时期即出现了为防止雷击而在建筑物上安装"避雷室"。宋朝以来，许多建筑物都有不同形式的"雷公柱"。广西真武阁四柱不落地，德庆县文庙四柱不顶天，都是古代建筑师为使厅堂的人有地方避开雷击，消除了电学上所称"跨步电压"的危险。

　　现代避雷针是美国科学家富兰克林发明的。富兰克林认为闪电是一种放电现象。为了证明这一点，他在1752年7月的一个雷雨天，冒着被雷击的危险，将一个系着长长金属导线的风筝放飞进雷雨云中，在金属线末端拴了一串铜钥匙。当雷电发生时，富兰克林手接近钥匙，钥匙上迸出一串电火花，手上还有麻木感。幸亏这次传下来的闪电比较弱，富兰克林没有受伤。在成功地进行了捕捉雷电的风筝实验之后，富兰克林在研究闪电与人工摩擦产生的电的一致性时，他就从两者的类比中作出过这样的推测：既然人工产生的电能被尖端吸收，那么闪电也能被尖端吸收。他由此设计了风筝实验，而风筝实验的成功反过来又证实了他的推测。他设想，若能在高物上安置一种尖端装置，就有可能把雷电引入地下。富兰克林这种避雷装置：把一根数米长的细铁棒固定在高大建筑物的顶端，在铁棒与建筑物之间用绝缘体隔开，然后用一根导线与铁棒底端连接，再将导线引入地下。富兰克林把这种避雷装置称为避雷针。经过试用，果然能起避雷的作用。避雷针的发明是早期电学研究中的第一个有重大应用价值的技术成果。

问题与练习

1. 人体触电有哪几种类型？哪几种方式？

2. 电流伤害人体与哪些因素有关？

3. 在电气操作和日常用电中，常采用哪些预防触电的措施？

4. 有人触电时，可用哪些方法使触电者尽快脱离电源？

5. 口对口人工呼吸法在什么情况下使用？试述其动作要领。

6. 胸外心脏压挤法在什么情况下使用？试述其动作要领。

7. 电气火灾产生的原因是什么？简述电气火灾的紧急处理措施。

实验实训

实验一　电流与电压、电阻的关系

一、实验目的

1. 熟悉电压表、电流表的应用。
2. 会用电压表和电流表测量电压和电流。
3. 加深对欧姆定律的理解。

二、实验器材

定值电阻 3 个（阻值分别为 20Ω、10Ω 和 30Ω），电流表，电压表，6V 蓄电池组（或干电池 3 个），单刀开关，导线若干。

三、实验步骤

（一）验证电流强度与电压的关系

1. 把 10Ω 定值电阻与电流表、电压表、电源、开关连接成如图 1 的电路。其中电流表用一、0.6A 两接线柱，电压表用一、3V 两接线柱。电源用 1 个蓄电池。

2. 请仔细检查电路的接线无误后，闭合单刀开关，读出电路中电流强度 I 和 R 两端电压 U，把测得的电流和电压值填入表 1 中。

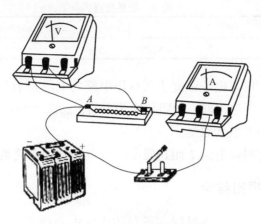

图1

3. 电压表正端改接 "15V" 接线柱，依次改变串联蓄电池的数目为 2 个、3 个，测出流经电阻 R 的电流强度和电阻两端的电压 U。把测得的电流和电压值填入表 1 中。

表 1　测量数据

次数	1	2	3
电压 U/V			
电流 I/A			
比值 U/I			

看表 1，找出电阻 AB 中电流与它两端的电压有什么关系。

4. 将电路图 1 中的电阻换成 20Ω 的定值电阻，重做一次上述实验，即每次只改变接入电路的蓄电池个数，将测得的电流强度 I 与两端电压 U 填入表 2 中。

表 2　实验数据

次数	1	2	3
电压 U/V			
电流 I/A			
比值 U/I			

再看表 2，找出电阻 AB 中的电流强度与它两端的电压有什么关系。

（二）验证电流强度与电阻的关系

1. 把 10Ω 定值电阻与直流电流表、电源、开关组成串联电路。电流表用 "一、0.6" 两接线柱，电源用 3 个电池串联的电池组。

2. 教师检查电路接线无误后，闭合开关，读出电路中的电流强度 I。

3. 依次将电阻换成 20Ω、30Ω 的定值电阻，并分别记录下通过电路的电流 I。

4. 把各次测得的电流 I 与对应的电阻值填入表 3 中。

表3　测量数据

电阻 R/Ω	10	20	30
电流 I/A			

看电路中电压一定时，电流强度 I 跟这段电路的电阻 R 有什么关系。

5.将电源换成2个电池串联，电阻依次为10Ω、20Ω、30Ω，测出各次的电流 I 的数据，再列成同样的表并填入数据。

看在电路电压一定时，电流 I 跟这段电路的电阻有什么关系。

四、分析论证、得出结论

综合上述实验结果，得出通过同一段导体中的电流强度与它两端的电压成正比，与电阻成反比。

实验二　测量小灯泡的电功率

一、实验目的

1.自主设计实验探究电路，用滑动变阻器控制电路，会用电压表和电流表测量小灯泡在不同电压下的实际功率。

2.比较不同电压下灯泡的实际功率与额定功率的不同，并会计算灯泡的实际功率。

3.通过实验，体验小灯泡的电功率随它两端电压变化而变化的特点，认识用电器正常工作与不正常工作对用电器的影响，培养科学使用用电器的意识。

二、实验器材

电源（干电池4节为宜）、电压表、电流表、滑动变阻器、导线若干、开关、标有"2.5V"（或"3.8V"）小灯泡1个。

三、实验步骤

1.检查电流表、电压表指针是否在零刻度，如果偏差，要将指针调至零刻度线对齐。

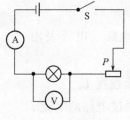
图2　实验电路

2.根据实验电路图2，将电路元件逐一连接好，电压表和电流表接入电路时，要选择合适的量程。即电压表选择0～3V（或3.8V时，选择0～15V），电流表选择0～0.9A的量程。电路连接过程中，保证电路开关断开，变阻器滑片置于阻值最大端。

3.闭合开关，移动滑片，调节灯泡两端的电压为额定电压，记录电压表和电流表示数，填入表 4 中，同时观察灯泡的发光情况。

4.移动滑片，调节灯泡两端的电压略低于额定电压的五分之一时，记录电压表和电流表的示数，填入表 4 中，观察灯泡的发光情况。

5.移动滑片，调节灯泡两端的电压略高于额定电压的五分之一时，记录电压表和电流表的示数，填入表 4 中，观察灯泡的发光情况。

表 4　测量数据

实验次数	电压 U/V	电流 I/A	灯泡电功率 P/W	灯泡发光情况
第 1 次实验				
第 2 次实验				
第 3 次实验				

6.根据公式 $P=UI$，计算小灯泡的额定功率和实际功率，并结合灯泡的发光情况进行比较，体会用电器在不同电压下的工作情况。

四、分析论证、得出结论

通过实验记录数据的分析，可以发现：

① 小灯泡两端的实际电压越高，小灯泡的电功率越大，灯泡的发光越亮。

② 小灯泡的亮度直接由它的实际电功率决定。

③ 小灯泡两端的实际电压只有不高于额定电压时，才处于安全使用状态。

④ 小灯泡的实际功率可以有多个，额定功率只有一个，并不随实际电压变化而变化。

实验三　影响电功大小的因素

一、实验目的

探究电功大小与电流的大小、电压的高低、通电时间长短的关系。

二、实验器材

电源 1 个、开关 1 个、规格不同的小灯泡 6 个、滑动变阻器 1 个、电流表 2 个、电压表 2 个、导线若干。

三、实验步骤

1.如图 3 所示，断开开关，将两个规格不同的小灯泡、电压表及滑动变阻器按照电路图连接成实物。

2.将滑动变阻器滑片置于使其接入电路中的阻值最大的位置，闭合开关，调节滑

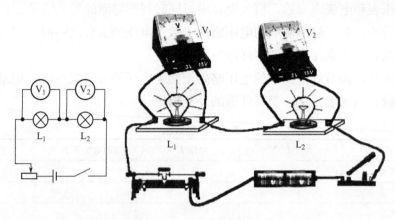

图 3　实验电路

动变阻器，观察两个灯泡的亮度及电压表的示数。记录两个电压表的示数及灯泡的亮暗。

3. 更换不同规格的小灯泡，进行多次实验，记录实验数据，填入表 5 中。

表 5　实验数据

实验次数	1		2		3	
	亮暗	电压/V	亮暗	电压/V	亮暗	电压/V
L_1						
L_2						

4. 如图 4 所示，断开开关，将两个规格不同的小灯泡、电流表和滑动变阻器按照电路图连接成实物。

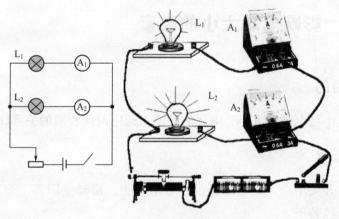

图 4　电路连接

5. 将滑动变阻器滑片置于使其接入电路中的阻值最大的位置，闭合开关，调节滑动变阻器，观察两个灯泡的亮度及电流表的示数。记录两个电流表的示数及灯泡的亮暗。

6. 更换不同规格的小灯泡，进行多次实验，记录实验数据，填入表 6 中。

表 6　测量数据

实验次数	1		2		3	
	亮暗	电流/A	亮暗	电流/A	亮暗	电流/A
L_1						
L_2						

实验四　探究灯泡电阻变化规律

一、实验目的

1. 验证导体两端的电压和导体中的电流关系；
2. 验证在不同电压下小灯泡的电阻值可能不相等。

二、实验器材

学生电源、小灯泡（2.5V）、电流表、电压表、开关、滑动变阻器、导线若干。

三、实验步骤

（1）按电路图 5 连接电路，连接电路时开关应该处于断开状态，滑动变阻器的滑片应放在最大电阻值的位置。电压表和电流表的正、负接线柱要连接正确。

（2）检查电路连接无误后，闭合开关；调节滑动变阻器的滑片，改变小灯泡两端的电压，使电压表的示数分别为 0.5V、1V、1.5V、2V、2.5V，同时观察电流表的示数和灯泡的亮度；将五组电压值和电流值以及灯泡亮度的对应值填入表 7 中。

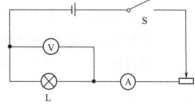

图 5　实验电路

（3）根据五组测量数据，计算出不同电压下小灯泡的电阻值。

（4）断开开关，整理实验器材。

表 7　测量数据

实验次序	U/V	I/A	灯泡的亮度	灯泡的电阻
（1）	0.5			
（2）	1			
（3）	1.5			
（4）	2			
（5）	2.5			

四、分析论证、得出结论

加在小灯泡两端的电压越大，灯泡的电阻也就越大，这是由于灯泡灯丝电阻值随温度升高而增大所导致的。由此可知，金属导体的电阻随温度的升高而增大。

实验五　探究并联电路中电流的规律

一、实验目的

1. 验证干路和各个支路两端的电压关系；
2. 验证干路电流等于各个支路电流关系。

二、实验器材

电源（3V）、单刀开关、三个小灯座、三个相同的小灯泡（2.5V）、三个相同的滑动变阻器（0~50Ω）、四个相同的直流电流表、若干根导线、小螺丝刀。

三、实验步骤

1. 检查实验器材。

（1）检查器材是否齐全、完好。

（2）观察电流表的两个量程，了解相应的最小刻度值。

（3）观察电流表的指针是否对准零刻度线，如未对准，可用小螺丝刀校正。

（4）观察电流表接线柱的正负及各量程的不同接法。

（5）检查电源（或电池盒）接线柱的正、负。

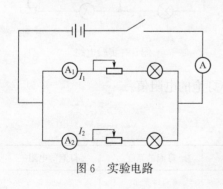

图6　实验电路

2. 按实验图6电路图组成并联电路。

（1）此实验用直流3V电压，认清电源接线柱的正、负。

（2）断开开关，按图连接好电路，并检查电路是否连接正确。

（3）确认电路无误后，闭合开关。观察灯泡是否发光，若不发光或出现异常，要立即断开开关，并检查排除故障。

3. 测干路电流和各个支路电流。

（1）闭合干路上的单刀开关，滑动各个支路上的滑动变阻器至某一个位置。

（2）观察各元件的工作情况，注意各电流表的示数，不能超过其所连接的最大量程。

（3）读出电流表的示数，注意视线正对电流表的指针。

（4）断开开关，记录电流值，将实验结果填入表 8 中，注意记录单位。

（5）重复（1）到（4）的步骤三次。

表 8　实验数据

实验次数	干路电流 I/A	支路电流 I_1/A	支路电流 I_2/A
1			
2			
3			
4			

4. 按实验图 7 电路图组成并联电路。

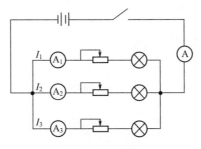

图 7　电路连接

5. 重复上述实验步骤，记录数据，填入表 9 中。

表 9　实验数据

实验次数	干路电流 I/A	支路电流 I_1/A	支路电流 I_2/A	支路电流 I_3/A
1				
2				
3				
4				

6. 实验操作完毕，整理器材。将器材恢复到实验前的状态和摆放位置。

参考文献

[1] 曲梅丽.物理学.北京：化学工业出版社，2011.

[2] 胡英.物理学.北京：高等教育出版社，2007.

[3] 范力茹.物理学基础.北京：国防工业出版社，2009.

[4] 赵建彬.物理学.北京：机械工业出版社，2006.

[5] 蔡保平.普通物理学.北京：化学工业出版社，2006.

[6] 李逦伯.物理学.北京：高等教育出版社，2005.